JN275804

新装版 四次元の世界

超空間から相対性理論へ

都筑卓司 著

ブルーバックス

カバー装幀／芦澤泰偉事務所
カバー絵／ルネ・マグリット「白紙委任状」
©ADAGP,Paris & JVACS,Tokyo,2002
本文カット／永美ハルオ
本文図版／天龍社

はしがき

「次元」という言葉は日常でもよく使われている。たとえば、このことをもっと高い次元から眺めれば、とか、彼等は低い次元の討論しかしていない……等々である。しかしもともとは専門用語であり、空間の性質を研究する幾何学で定義されるべきものである。「彼はすぐに高飛車にでてくる」、「あのひとには一目置いている」、「まだほんの序の口です」などはふつうの会話に使われているが、元来が将棋、碁、相撲の言葉であるのと同じである。

一次元とは線、二次元は面であり、三次元になると立体になる。縦、横、高さのある空間が三次元であり、われわれのいま住んでいるこの場所がそれに相当する。

簡単な整数の数え方は子供でも知っており、一、二、三の次は四になる。したがって三次元の次は、形式的には四次元である。だが身辺を見まわして四次元の空間がどこにあるのか。どこにもなさそうである。整数の方は四、五、六……と先まで続いていくのに、なぜ次元の数だけが三でストップしなければならないのか。四より先を拒否しているものは何であるか。それとも四次元の世界というものが現実に存在するのだろうか。

小学生と同じ程度に数の数え方を知っており、しかも空間に対しておもいをめぐらしたことのある人なら、一度は不思議に思う疑問である。

たまたま講談社科学図書出版部のS氏と会ったとき、四次元空間のことに話が及び、アメリカの古い幾何学書などを見せてもらった。四次元空間、あるいはもっと一般にn次元空間の研究は古くから幾何学の一部門になっている。三次元までは人間の頭で想像がつくが（あるいは模型的にこれをつくることが可能であるが）、四次元以上となるとまったく数式の上だけの研究になる。だからたとえ模型はなくても、これを式でまとめあげるのは必ずしもむずかしいことではないし、そのような本はすでにある。しかしそれではおもしろくない。

そこで最初、私は製作不可能の模型を書物に書くことを主眼として、四次元幾何学について稿を起こした。しかし書いていくうちに——正直に言って——どうも興にのらないのである。はやく言えば、

稜の長さがLの立方体の体積はL^3である。

同じように考えると、四次元立方体（これを超立方体と言う）の体積はL^4になる。

これが四次元幾何学である。確かにその通りには違いないが、まことに興味に乏しい。筆者が興味をもたないものに、読者諸賢がのってくるはずがない。

そこでいま一度相談の結果、四次元の世界をさらに別の角度から検討していくことにした。多

くの人の知りたいと思うことは、四次元空間の幾何学的性質という形式論ではなく、本当にこの世は四次元かどうかという現実論であろう。とりすました幾何学の公式を並べるよりも、君の住むこの世界はこんなふうなものだぞ、と本当のことを述べた方がはるかに実のある話になる。そのため幾何学は最小限に圧縮して、そこから、自然界を相手どる研究、すなわち物理学の方向に進んだ。

空間の次元を根底から批判する場合には、相対性理論をもちださざるを得ない。この書物の最初の三つの章は、四次元に対する基本知識として幾何学を重視したが、あとの四つの章の支えになっているものは相対性原理である。相対論に正面からとり組むことを避け、「次元」という立場を主体として、説明したものだと思っていただきたい。

高校生はもちろん、中学生諸君にもわかるように筆を運んだつもりである。そのため、かえって記述がくどくなってしまった部分も多い。よろしく御寛恕を願う次第である。

昭和四十四年夏

都筑卓司

新装版刊行にあたって

物理学の中でも、相対性理論は一般に最も興味をもたれる分野である。量子論が多くの物理学者の研究の積み重ねでできあがったものであることに対して、相対性理論はほとんどアインシュタイン一人の研究に負うものだといえる。

そうしてこの研究は、特殊相対性理論（一九〇五年）と一般相対性理論（一九一五〜一六年）との二つに分けられる。前者は、光の「走り」には時間がかかる、ということが基本であり、後者では、空間は曲がっている、ということが基本になっている。

数学者と話し合ったことがあるが、相対性理論に使われている数学は、けっしてむずかしいものではなく（この学者は、数学のほんの初歩だと言った）、いわゆる非ユークリッド幾何学はさんざんに議論しつくされたものである……という話だ。

そうは言っても、とくにn次元（nが整数でない場合も含めて）の幾何学などは、数学を専門としない者には歯が立たないものだが、幾何学を専門的に習得してきた者には、けっして困難なものではないらしい。

それでは幾何学者よりも、アインシュタインがより多くたたえられるのはなぜか。結局はその思想ではあるまいか。

空間は東西、南北、上下の三方向があり、これ以上はない。このため空間は三次元だという。次元という言葉は、コンピュータ・グラフィックスの発達や、医療現場でのコンピュータ断層撮影法の普及などにより、今ではなじみ深いものになっている。「四次元」の前に、まず「次元」の問題から理解していくのがいいだろう。

本書は、活字や図版などが見にくくなったので、すべて新組みにして見やすくしたものである。三十数年の歳月を経ても、内容はけっして古くなっておらず、初めて読まれる方にも、また、昔を懐かしみ今一度読み返される方にも、充分楽しんでいただけると思う。

ところで『四次元の世界』が一九六九年に最初に書店に並んだとき、筆者は本当に驚いた。というのは、このブルーバックスの表紙だ。マグリットの絵は見て知っていたが、当時の講談社の編集部の末武親一郎君が、これを採用してくれるとは思わなかった。書店の一つの小さな平積みが、木と馬、馬と木で、それもどっちが手前だかわからない。不思議な光景だと思っていたら、さすがに売れた。おそらく筆者の著書の累積最高部数を記録しているだろう。

とにかく一風変わったもの、店頭に来たお客の目を引くということではすばらしい。内容とも矛盾することなく、木と馬のどちらが手前か、などと考えてもどうしようもないことだが、このどうしようもないことで売れる……と言ってもいい。その後、歌手のレコード売り上げに興味をもつこともあったが、要するに「ひょんなこと」がきっかけになるみたいな気がする。

筆者はその後ブルーバックスを何冊も著し、それらはまあまあの程度で売れたが、その源泉は、末武君の選んだマグリット（もっとも彼がこの絵を選んだのか一度も聞いたことがない）だと、今も固く信じている。

二〇〇二年　七月

筆者

■もくじ■

はしがき　3
新装版刊行にあたって　6
プロローグ　15

第1章　次元とはなにか

一次元の世界　26
二次元の世界　28
三次元の世界　30
アキャブの円筒作戦　32
われわれは影を見ている　34
卵をわらずに黄身を出す　39
まぼろしの次元　43
多次元空間のマジック　46

第2章　四次元空間の性質

現世は四次元空間の切り口　52

超空間で交わる 54
平行な空間と垂直な空間 57
四次元の玉 59
四次元球が行く 60
ゴムボールの反転 62
正二十面体でストップ 66
四次元サイコロを見るために 67
描けない図をかく 70
超立方体の豆細工 73
三次元空間に押しつける 77
四次元サイコロの展開図 80
四次元正多面体 82

第3章 曲がった空間

戻らぬ飛行機 86
朝顔の蔓は何次元か 88
勝手の違う球面 92

曲がった空間 95
平面幾何学が使えない 97
曲率 101
ガウスの発見 102
馬の鞍の幾何学 106
擬球 109
第五公準の謎 111
非ユークリッド幾何学 113
多次元球の体積 117

第4章 ハッピニング

本当に知りたいこと 120
幾何学と物理学の違い 121
実証なき真理は存在せず 123
事件 125
ハッピニングでない事件 128
整数の謎 131

時間はなぜ一次元か 134
空間と時間の相違 136
時間と空間 138
不変量 141

第5章 光とはなにか

見えるから信ずる 146
光に速さがあるのか 147
空を見上げずに測れる光速 149
宇宙で一番速い信号 152
時間にも厚みがあること 155
波としての光 159
波とはなにか 161
エーテル 163
絶対動かぬ宇宙の海は? 165
マイケルソン・モーリーの実験 167
絶対論者のあがき 170

自然科学の立場 172
量子論的な波 174
はじめに光速度ありき 176

第6章 実在する四次元

長さとはなにか 182
時間の遅れのスッキリした説明 184
長さの縮みのスッキリした説明 188
座標変換とはなにか 191
ついに四次元を見つけた 195
実在としての四次元 198
ライト・コーン 200
座標が走る 204
名古屋と静岡で食べる 207
「同時」が同時でない 209
因果律 212
超多時間理論 216

第7章　非ユークリッド空間

質量とはなにか　220
重力場の発想　222
重力場の実証　225
光はなぜ曲がるか　226
重力はなぜ時間を遅らすか　229
時計のパラドックス　234
どこで対称性が破れるか　239
ベルグソンらの反論　240
検出された重力波？　245
きめてのない宇宙の構造　248
宇宙のうごき　250
エピローグ　253

プロローグ

一九六八年六月一日の夜半、二台の高級車が南米アルゼンチンの首都ブエノスアイレスの郊外を疾走していた。六月と言えば、南米ではそろそろ冬にさしかかる季節である。しかしアルゼンチンの海岸地帯では底冷えのする冬を経験することはほとんどなかった。赤道からの距離でこそ東京と似たりよったりであるが、最も寒い七月でも平均気温は十度を保ち、逆に真夏の一月でも二十五度に達する日はまれである。これにはおそらく、大西洋の海流が気温調節に一役かっているのであろう。

しかしながらこの海流がくせものである。アフリカ西海岸から赤道直下を西に走る暖流は、南米東海岸の三角形の頂点、ブラジルのブランコ岬《みさき》に衝突する。主流はそのまま南米の海岸にそって西北に走り、キューバ、フロリダを経て、アメリカの東海岸を洗う。これがメキシコ湾流である。一方ブランコ岬に衝突した暖流の一部は三角形の他の一辺を南西に向かう。これがブラジル海流であり、リオデジャネイロからウルグアイの主府モンテビデオ付近にまで達する。これとは逆に太平洋の南部を東に走ってきた寒流は、南米の南端ホーン岬をかすめ、その一部はアルゼンチンの海岸にそって北に向かう。こうして寒暖両流はアルゼンチンとウルグアイの境、ラプラタ川の河口で激しくぶつかり合うことになる。暖流と寒流の衝突するところ、そこは霧が発生するには絶好の場所である。

二台の乗用車の走っているその夜も、あたりはふかい霧に包まれていた。うしろの車にはブエノスアイレスに住む弁護士ゲラルド・ビダル博士とその妻ラッフォー夫人、前の車にはその友人夫妻が乗り込んでいた。彼等はブエノスアイレスの南方にあるシャスコム市から、さらにその南方百五十キロのマイプ市の知人宅を訪問するために、夜を徹して車を走らせた。

　アルゼンチンの西部はけわしいアンデス山脈にさえぎられているが、中央部から東部にかけては大平原が続き、南米随一の穀倉地帯でもある。道路はどこまでも続く小麦畑の中をぬけ、さらに砂ぼこりの多い荒野をまっすぐに横切っている。ところが前の車が速すぎるのか、あるいは博士夫妻の車のエンジンが不調なのか、二台の乗用車の距離はだんだんとひらいていった。

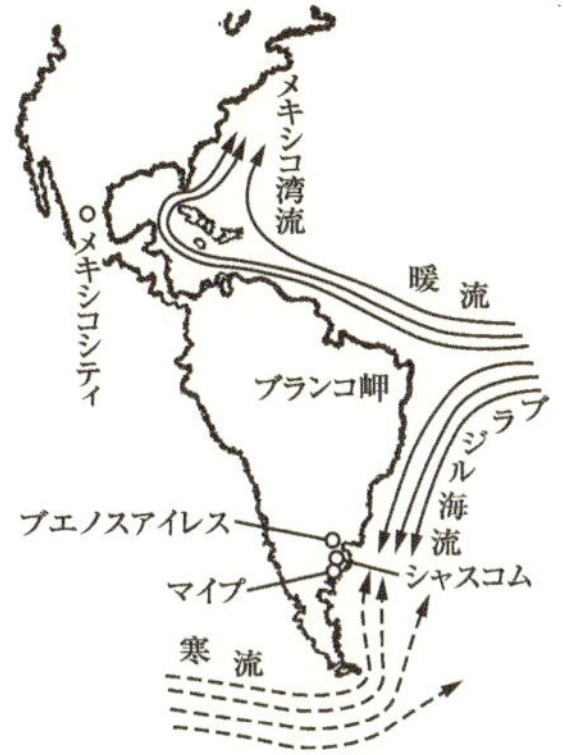

奇怪な事件の舞台，シャスコムとメキシコシティ

　前の車がマイプ市の郊外にさしかかった頃、友人夫妻がふりむいてみると、後方は濃霧に包まれてあかり一つ見えない。そこで車を止め、後続の博士夫妻を待つことにしたが、三十分たっても一時間待っても霧の中からはなにも現われてこない。道は平坦で枝分かれはないはずなのに、といぶかりながら引き返してみたが、すれ違う車は一台もなく、路傍に停車している車もない。故障、あるいは破損した車のかけらさえも見出せない。つまり博士夫妻の乗った車はハイウェーを疾走中に、忽然《こつぜん》と蒸発し

てしまったのである。

翌朝から、親戚、友人たちが総出でシャスコム市とマイプ市の間をくまなく探すことになった。しかし道路をはさんで東にも西にもはてしなく続く地平線には、人も車も、それと思われるものの影さえも発見できなかった。

二日たって、いよいよ警察にとどけでようとしていた矢先、メキシコから長距離電話がかかってきた。

「こちらはメキシコシティにあるアルゼンチン領事館ですが、弁護士のビダル夫妻と名のる男女を保護しています。なにか心当たりはありませんか」

というのである。驚いて本人に電話にでてもらうと、まさに行方不明になったビダル博士の声である。とにかく六月三日には博士夫妻はメキシコシティにいたのである。

やがてアルゼンチンに送還された夫妻の話を聞いてみると、それはまったく奇妙不可思議とし か言いようのない事件であった。後続車である博士たちの車がシャスコム市を離れてまもなく、夜の十二時十分ごろ、突然車の前方に白い霧のようなものが現われ、あっという間に車を包んでしまったのだという。あわててブレーキを踏む間もなく、博士も夫人もそのまましびれて失神してしまった。

どれほどたったか、二人はほとんど同時に正気に返ったが、そのときはすでに昼間で、車はハイウェーを走っていた。ただ窓から見る景色が、アルゼンチンの平原とはまったく違う。歩く人人の服装も見なれないものが多い。さっそく車を止めて聞いてみると、なんとここはメキシコだと言う。

「そんなばかな」

と思いながらも、車を走らせていくと、街なみも建物もまごうかたなきメキシコシティである。二人は夢からさめやらぬ心地で、そのままアルゼンチン領事館にかけ込み助けを求めた。二人の時計は失神した時刻の十二時十分で止まっていたが、領事館にかけ込んだのが六月三日であることは、二人がやや落ち着きをとり戻したのち知ったことである。

まったく嘘のような話であるが、博士は人間的にも社会的にも十分信用のおける人である。ただ夫人はこの事件のショックからノイローゼにかかり入院したと言われている。

アルゼンチンのシャスコム市からメキシコシティまでは直線距離にしても六千キロ以上あり、船舶、列車、自動車のどれを利用しても二日で到達するのは絶対に不可能である。人間だけなら飛行機で飛ぶということも考えられるが、乗用車ごとメキシコに現われたというのは何としても奇怪である。しかし、アルゼンチンのメキシコ駐在領事、ラファエル・ベルグリー氏は、

「この事件は真実である」

と言明している。現地の新聞はこの事件を、

Teleportation from Chascomús to Mexicoの見出しで大きく報道している。テレポーテイションとはふつうの字引にはあまり見当たらないが、たんなる輸送（transportation）と違って、こんな事件にはぴったりくる言葉である。trans-とつくと、いかにも持ち運ぶという感じがするが、tele-（遠距離操作の）となると、なにか超自然的なものが遠い場所からあやつって、人間世界に思わぬ不思議をひき起こす、というような意味あいが強い。だからこの事件を信じる人達は、

「おそらくビダル博士たちは、突然できた空間の穴、つまりアルゼンチンからメキシコに通ずる空間の管に巻き込まれ、四次元の世界を通りぬけて、再び現実の空間にたちかえったのだろう」

と、うわさしている。

以上はある児童雑誌に掲載された話である。ところどころ固有名詞がでてくるが、この話がどこまで真実なのか筆者にはわからない。また二人の人間が自動車ごと二日間で六千キロ以上もテレポートされたと信じているわけでもない。読みものはあくまで読みものであり、事実とは切りはなして考えるべき性格のものであろう。

ただ興味あるのは最後にでてくる「四次元の世界」という言葉である。われわれの住む空間は三次元であり、四次元の世界とはどんなものか見当もつかない。いわんやそんなものがこの世の

どこかに存在するものかどうか、誰も明確な解答を与えてくれない。したがって四次元とは常に謎であり、常識では解くことのできない神秘なものとして人々の心に沈んでいる。そうしてときおり起こる奇怪な事件の解決役としてひっぱり出されてくる。その奇怪なできごとは四次元空間のせいだと言えば、人々はあきらめ顔に納得し、あるいは「なぜか」の質問を放棄して、現実を超えた巨大なメカニズムの前に感嘆し、屈服してしまう。

四次元空間はまた空想科学小説にかっこうな素材を提供する。おいおい述べていくように、四次元空間がもしあるとするならば、現世の三次元の世界のすぐそばにあるはずである。必ずしもそれは深い海の底とか、深山の洞窟の中であることを必要としない。眼の前の人間が突然消失して四次元の穴にはまり込んでもがいているなどというのは、テレビ、映画などでよく使う手法である。

筆者も子供の頃——まだ戦前だが——この種のSF小説（という言葉は当時まだなかったが）に心奪われた一人である。X国の戦闘艦隊が縦陣を組んで堂々と太平洋を渡ってくる。三十六センチの主砲は、やがて水平線上に現われるであろう敵艦に一せい射撃をあびせる準備よろしく、そろって鎌首をもたげている。そのとき、一番艦が突然空中高く昇り始める。四次元の怪物が現われたのである。彼にとっては海上に浮かぶ戦闘艦を持ち上げることなど、造作もないことなのだ。とにかく一番艦だけが空中に舞い上がって、その甲板から海水が激しくしたたり落ちているさし

四次元世界の怪物現わる？

絵はよほど驚異であったらしく、今でも印象に強く残っている。

いったい四次元の世界とは、本当に存在するものだろうか。もしそれが考えられるものなら、どんな機構のものだろうか。またその機構はどれほどの能力をもつことになるのか。

フィクションはフィクションとしてひとまずおくことにし、四次元とはいかなるものかを考えていくのが本書のねらいである。当然数学、特に幾何学の基礎になる部分から出発しなければならない。しかしおいおい述べていくように、数学的理論だけではどうしても形式論に終始しがちである。読者の多くが期待するのは、この世に本当に四次元があるのかということではなかろうか。そしてこの世、つまり自然界を調べるのは自然科学である。この意味で、物理学の立場からこの問題を考える必要がある。「四次元の世界」は、数学的形式と物理的実測との両方の観点から考察されなければならない問題である。

第１章　次元とはなにか

■一次元の世界

いま極端に細い一本道が走っているとする。道の両側は泥沼だ。人でも馬でも、あるいは車でも石でも、この泥沼にはまり込んだらさいご、ずぶりずぶりとどこまでももぐってしまう。恐ろしい底なしの沼である。命が惜しかったらこの道から一歩も外に踏み出ることはできない。

この一本道をAという男が北から南へまっすぐに歩いている。やがて彼は大きな石が道の前方をふさいでいるのを見つけた。石は大きくて、とてもよじ登ることなどできない。といって、右や左に迂回すればたちまち沼にのみこまれてしまうだろう。つまり彼はこの石よりも南へは絶対に行けないのである。

しかたがないので引き返そうとした彼の目に、もう一人の男Bが同じ道をやってくるのが見えた。この道の上では二人は衝突することはできても、すれ違って通り抜けることができない。こうなると、Aは永久にBの南側にいるほかない。言ってみれば二人はソロバン玉と同じ運命を課せられたことになる……。

実は「次元」とは何かを平易な言葉で定義するのは簡単ではない。しかし右のたとえから「一次元の空間」を想像することは、賢明な読者にはさしてむずかしいことではないだろう。広い空間の中で直線だけに考えを限定したとき、そこが一次元の空間である。直線のように、幅もなく厚さもなく、ただ一方向の伸びだけがある空間、それが一次元の空間である。

　われわれが空間を仕切るときには、ついたてとか壁とかの平面をもってくるが、一次元の直線を二分するのは単なる点である。右の話では大きな石をもってたとえたが、直線に限定された空間ではその点をのりこえることも通りぬけることもできない。

　ふつうに一次元の空間と言えば、空間中の一つの直線を指す。しかし「一次元の世界」というと、あくまで直線的な伸びしかない世界のことで、本当はもっと広い世界があるのだがその一部を指している……という意味ではない。

　いま鉛筆で一本の直線を引き、線の太さをゼロとみなす。それは「一次元」ではあるが「一次元の世界」とは考えない。先のソロバン玉の動きも、一次元の動きの好例ではあるが、一次元の世界ではない。一次元の世界とはわれわれが抽象し仮想した一つの世界なのである。

　もしここに一次元の世界というものがあったとしたら、その世界の生物にとっては一本道以外の空間はない。われわれ人間なら、沼を埋めるとかヘリコプターを使うとかして道をはばむ岩をのりこえるが、縦にも横にも迂回できない一次元の生物にとっては、妨害物の手前までが行動可能な世界のすべてである。第一、彼らの世界には縦とか横とかの概念さえもない。ものの大きさというのは、単に長さのことだけを言うのである。一次元の世界で美人コンクールがあっても、審査の対象になるのは身長だけである。バストやウエストもなければ、いわんやグラマーやツイギーの区別もない。

■二次元の世界

一本道を歩く彼の前に大きな石が道をふさいでいる。ところが道の両側が底なしの沼でなく、運動場のような固い土地であったらどうだろう。彼は石の右側でも左側でも好きな方を迂回して、難なく前方に進むことができる。それどころか、通行自由の運動場ならあえて道を歩くことなく、目的地に向かって最短距離を横切ればよい。

このように、横にも縦にも広がった平面の中で行動できるとき、これを二次元的な動きと言う。二次元の空間には縦の伸びと横の広がりの両方、つまり広さがある。したがってその中での行動は、一次元の場合にくらべてはるかに自由である。

ところが運動場にいる彼の周囲をバリケードで囲ってしまったらどうだろう。その形が円であれ四角であれ、彼は囲いから外に出ることはできない。彼の行動はバリケードの内部に限定されてしまう。

二次元の世界というものがもしあったとしたら、そこに住む生物は、「空間」というものを「平面的な広がり」としか解釈しない。いわゆる厚さという考えは、その生物の頭の中にはないことになる。頭の中にないだけでなく、現実にその世界には存在しないのである。

その生物の行動範囲を限定しようと思ったら、まわりをぐるりと曲線で囲いこんでしまえばよい。二次元の世界では、描かれた閉曲線を飛び越えて外側に出るということは考えられない。というよりも、線を引くことによりその両側の部分が交流できなくなってしまう……そういう世界を二次元の世界と名づけるのである。

二次元の世界も一次元のそれと同様、仮想的なものである。とはいえ、二次元は一次元にくらべて、空間的な概念がかなりかわってくる。空間的な形態を研究する学問を幾何学と言うが、一次元から二次元に移ると、幾何学的なみのりは飛躍的に増大する。

ここで簡単な幾何学の言葉を使わせてもらおう。一次元では形態としては線分（あるいは直線、半直線）、量としては長さがあるだけである。二次元になると長さのほかに面積という空間量が問題になる。さらに形態としてはいろいろな形の三角形や四辺形、あるいは多辺形、曲線で囲まれた円や楕円も登場する。放物線や双曲線、さらには角度とか曲率とかさまざまな幾何学的概念の導入も、平面的な広がりさえあれば十分である。

いまここに一次元の生物がいるとする。直線の途中に石の妨害物がある。彼には、石のこちら側にある物体を石のむこう側にもっていく能力はない。そこに二次元の生物がやってくる。二次元の生物にとってはその物体をつかんで石のそばをまわり、直線のむこう側に置くことは何の造作もない。しかしこの操作を一次元の生物が見ていたらどう思うだろうか。一次元の方は、とにかく直線上にしか彼の世界はない。だから二次元の生物によって物体が直線からはずされた瞬間に、その物体は一次元の生物の視野から消え失せてしまうだろう。しばらくたってこの物体は石のむこう側に忽然と姿を現わす。二次元の生物にはあたりまえのことが、一次元の生物にとっては、とんでもない奇怪なできごとに映るのである。

■三次元の世界

われわれの住む世界は一次元でも二次元でもなく三次元である。たとえわれわれが野原の真ん中でバリケードで囲まれても、その上を越えて脱出する方法を知っている。壁が高ければ棒高とびをしてもいいし、壁をよじ登ってもかまわない。あるいはヘリコプターや気球を使って脱出をはかってもさしつかえない。

しかしこれを二次元の生物が見ていたらまったく驚異である。閉曲線の中に閉じ込められている物体が突如として消え、やがて曲線の外側に姿を見せる。曲線のどの部分も破られてはいない。われわれにとって当然のことが、二次元の生物にはまったく理解できない現象になる。

われわれの住む世の中は三次元である。この世のものは、縦と横と高さとの三方向にふくらんだり縮んだりすることができる。空間的な量としては長さ、広さのほかに体積が問題にされる。線分の長さをLとするとき、一次元で問題になる量は長さそのもののLであるが（LをL^1——エル

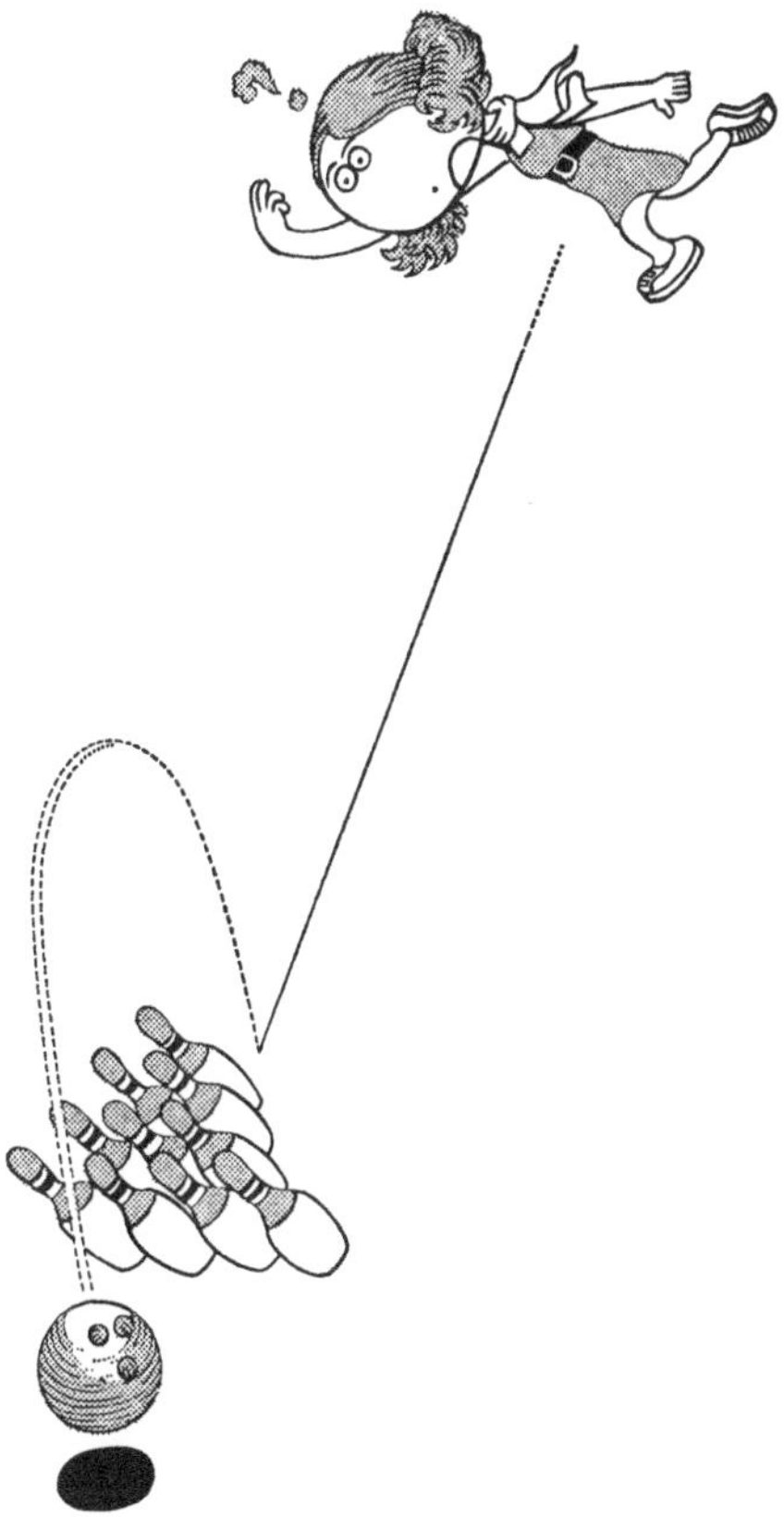

二次元世界での奇蹟

のイチジョウ——と書いてもいい)、二次元での正方形の面積はL^2、三次元での立方体の体積はL^3である。このLの肩に書かれている数字が次元の数だと思えばいい。三次元では二次元幾何学にかった立方体、直方体その他の多面体、球、楕円体、あるいは円柱、円錐などが新しく登場してくる。

■アキャブの円筒作戦

余談になるが、飛行機に乗って窓から下界を眺めると、人間の生活がいかに地面に密着しているかをつくづくと感じさせられる。何十階のビルとか何百メートルのタワーなどが造られているが、上空から見るとほんのひと握りのもり上がりにすぎない。家も工場も、道路も畑も、土地の起伏にすなおに従って、地面にへばりついている感じである。横への広がりはえんえんと続いているが、地下への掘り下げや上空へ伸びようとする努力はまったく忘れ去られているような印象を受ける。

地球表面は大きな重力の作用する空間であり、しかも地面は固いということになればどうしても地面に沿って生活圏を広げるほかはない。上や下にも同じように伸びろと言っても無理難題なのだろう。とにかく上空から眺めた感想としては、人間は三次元的な生活をしているとあまり大きな顔をしては言えないようである。

昔の日本陸軍の最も得意とする戦術の一つに包囲《ほうい》作戦あるいは包囲殲滅戦《せんめつせん》というのがあった。敵の正面には最小限の兵力を配置し、いかにも大軍がいるように陽動作戦を行なう。そして兵力の大部分は秘密裡に側面から敵の後方にまわらせ、周囲からいっせいに攻撃をかける。包囲された敵は集中砲火を浴びることになるが、敵にとっての攻撃目標はすべての方向であり判然としない。包囲軍の方が戦線が長くなるため兵力密度は低下するが、包囲された方はどの方面からの攻撃力が弱いかを判断するいとまもなく壊滅してしまうことが多い。包囲軍の兵力は過大に評価されがちであるし、囲まれた側は退路を断たれたという精神的不安が大きく戦意がにぶる。

明治三十七年の八月末から九月はじめにかけて、二十二万五千の大軍をもって遼陽《りようよう》を死守するクロパトキンに対し、十三万四千の日本軍は歯がたたない。正面攻撃を敢行し、いったんは橘大隊によって奪った首山の堡《とりで》も、まもなくロシア軍に奪還されてしまう。そこで正面から攻めるのはあきらめて、右翼の第一軍を遼陽の東方からひそかに太子河を渡って迂回させ、はげしく敵の左翼陣地をついた。結局これが勝利の大きな要因になったことなど、包囲作戦の典型である。

この包囲戦は太平洋戦争にも用いられた。ビルマ（ミャンマー）の海岸、インドとの国境近くにアキャブという所がある。ここを守る日本軍に、昭和十八年はじめの頃、英印軍が攻撃をしかけた。ところが日本軍は一部が右翼から敵の側面をつき、一部はアラカン山脈を越えて敵の背後にまわり、理想的な包囲作戦をとって快勝している。これが第一次アキャブ作戦である。

ところが昭和十九年の二月にもまったく同じような戦闘がここでくりひろげられた。このときも日本軍は三万の英印軍を包囲してしまった。幾何学の言葉で言えば、二次元的に包囲してしまったのである。ところが今度は包囲された英印軍の戦意が少しも弱まらない。弱まらないどころか、日ましに強くなって、かえって日本軍が各所で撃退された。戦死者戦傷者が続出し、さらに飢えと弾薬欠乏でついに日本軍は敗退した。これが第二次アキャブ作戦であり、いわゆるアラカンの悲劇とよばれるものである。

それでは包囲された英印軍がなぜそんなに強かったのか。日本軍の数倍、あるいは数十倍の補給があったからである。その補給はすべて空輸にたよっていた。この意味で英印軍の陣地は「円」ではなく「円筒」であった。この戦闘の後、英将は、

「日本軍は確かに強い。しかし緒戦の失敗にこりて新しく計画されたわが円筒作戦に対し、日本軍が従来の攻撃方法を少しも改めようとしなかったのは、わが軍の大きな幸いであった」

と言っている。二次元的視野を墨守《ぼくしゅ》し、三次元にまで思い及ばなかった日本軍に対する痛烈な批判である。

■われわれは影を見ている

一、二、三次元と話を進めてきたから次は四次元の番になるが、なにしろ四次元は非現実的な

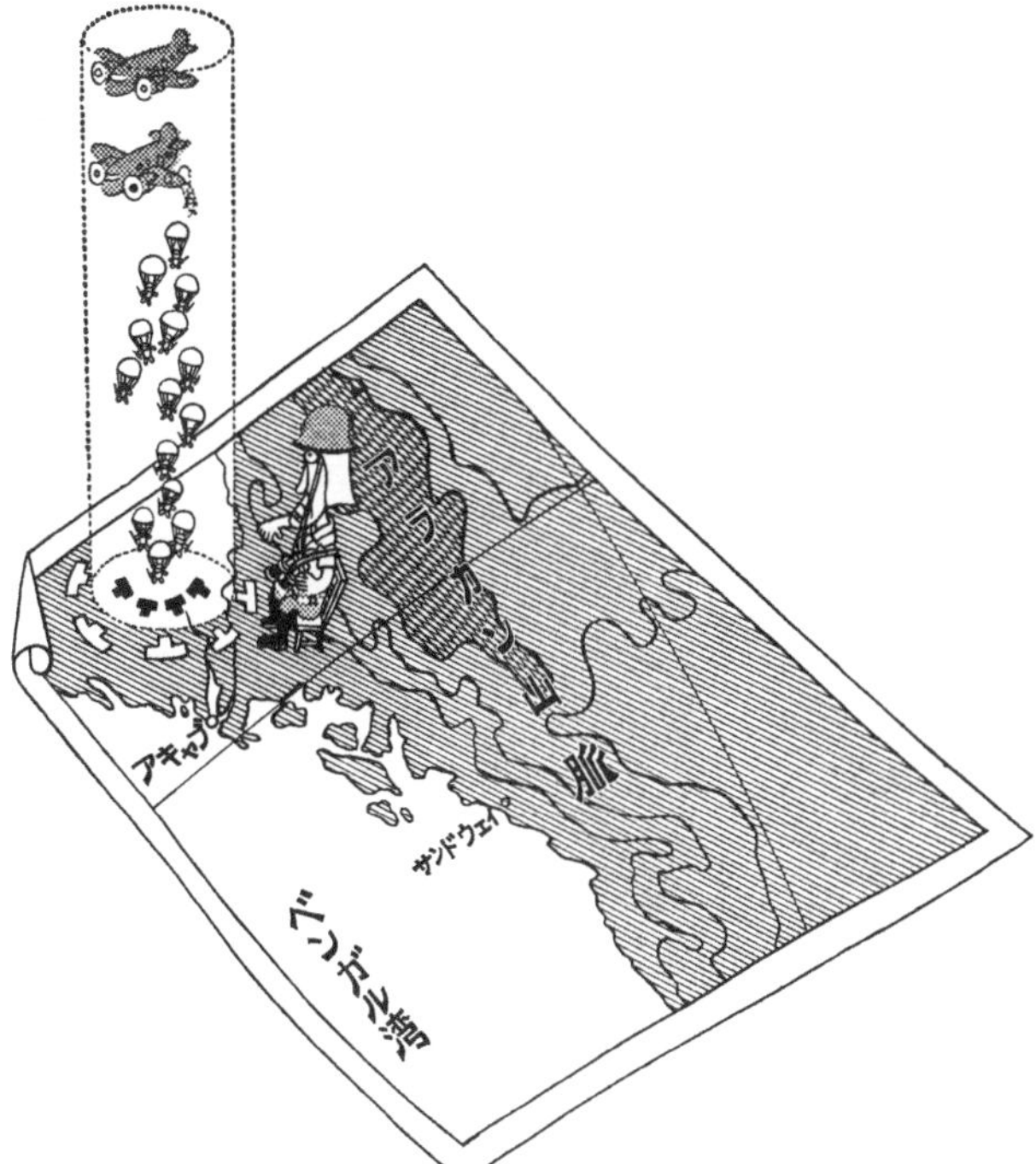

アキャブの円筒作戦

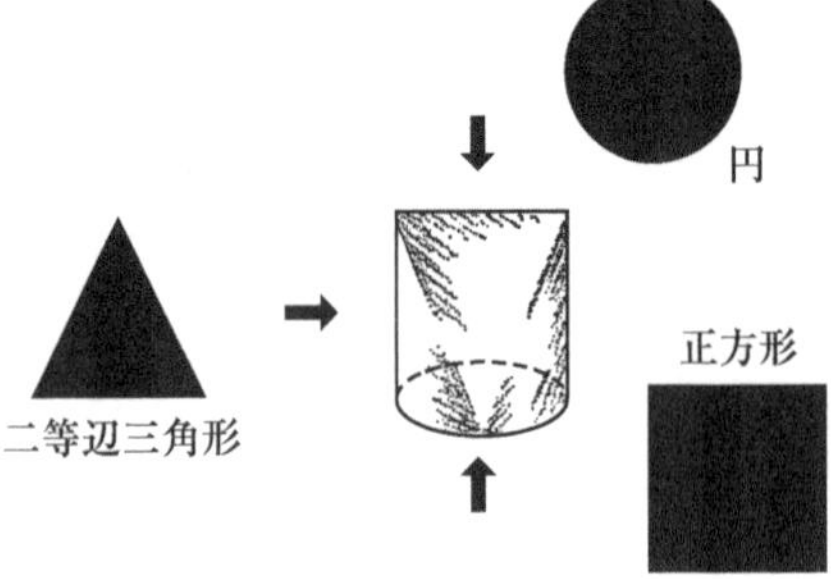

円にも四角にも三角にも見える物体

ものである。それだけにわかりにくい。四次元にとりかかる前にいろいろな予備知識が必要になるわけである。

こんなパズルがある。見かたによっては、円にも四角にも三角にも見えるものなあに？　言葉のシャレや頓智で答える問題ではない。現実に存在する物体である。この答えは上図のような立体となる。正面から見たとき、たとえば一辺十センチの正方形だとすれば、側面から見たときには底辺十センチ、高さ十センチの二等辺三角形、真上からのぞけば直径十センチの円である。

ものが太陽や電灯で照らされるとき、地面や床の上に影を作る。この場合大切なのは、物体は三次元的なふくらみをもっているが、地面にうつった影は二次元の図形になることである。あたりまえの話だが、「ものは影になることによって次元が一つ減る」ということは、これからの話の進展に重要なことである。光は無限に遠くからやってくる平行光線とし、影のうつる平面は光の方向に対して垂直だとしよう。このようなとき、影のことをもう少しむずかしく射影と言う。今後はこの射影という言葉を使っていくことにする。

直方体を光線に対してななめに置けば、射影は六角形になる。しかし直方体の一つの面が影のうつる平面に平行になるように置いてやれば、その射影は長方形になることはすぐにわかるだろう。このように三次元的な物体にそれぞれ適当な方向から光をあててやれば、次にあげるような射影をつくることができる。

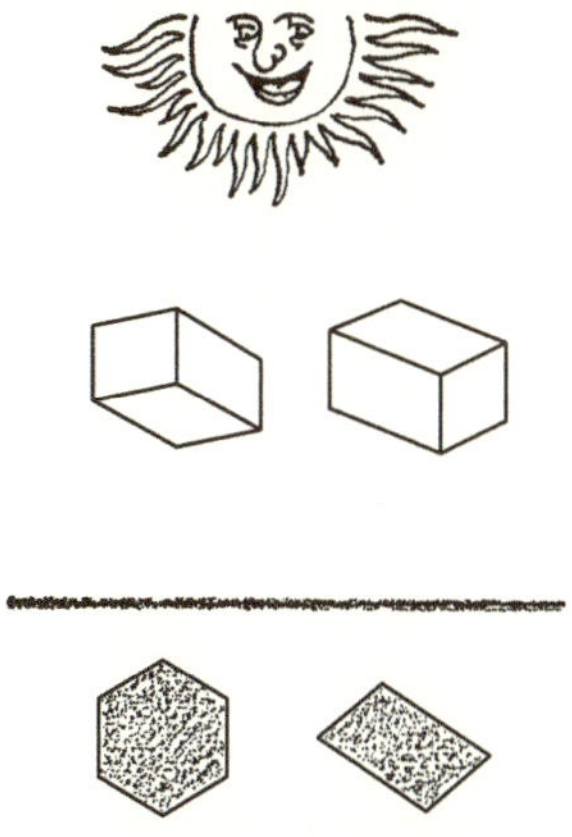

直方体の２つの射影

さきのパズルの問題は、方向によってその射影が円にも正方形にも二等辺三角形にもなる珍しい例である。

次のページの表で上段にかいた物体というのが真実の形態であり、下段はその射影である。それは真の姿ではなく、一種の幻影であると言えよう。ところがわれわれが眼でものを見る場合はどうか。二つの眼は多少はなれてついているから、わずかに遠近を判別することは可能である。しかしもののの奥ゆきをそれほどはっきりと感覚でき

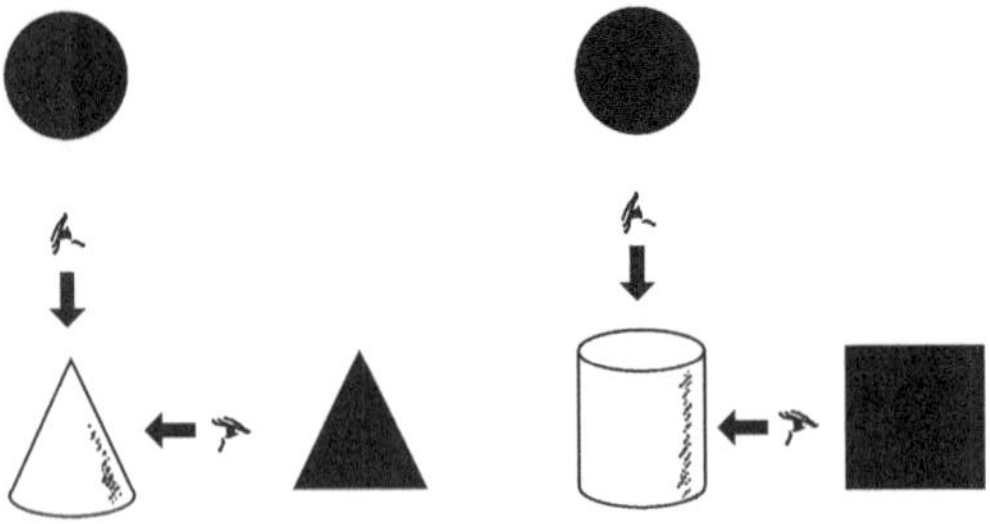

円錐や円筒は２つの射影をもっている

（物体）	（射影）
立方体	正方形
直方体	長方形
球	円
楕円体	楕円
円筒	円 長方形
円錐	円 二等辺三角形

るわけではない。むしろわれわれは三次元の物体が眼に投ずる射影を見ている、と言った方が事実に近いようである。野球のボールやリンゴが球形であることは経験上知っているし、またこれに横から光線が当たったときの明暗の様子などから判断して、ボールやリンゴが決して

円板だとは思わない。だが幾何学的な単純さから考えてみれば、眼にうつるのは球でなく円のはずである。円錐形のメガホンも幼児のように単純な眼で見れば三角形になる。だから少し極端な表現法を使えば、

「われわれは常に、物体の真の姿を見ずにその射影だけを認めている」

と言うことができるだろう。

だからと言って感覚至上主義をとなえ、眼に見える円が真実であり、これを球だと主張するのは頭の中でこね上げた思考上の所産に過ぎない……などと言うつもりはない。どの方向から見ても円に見えるものは実は球である。さわってみて口《くち》の開いているメガホンは決して三角形ではない。それはたしかに円錐である。それが自然科学の正しい解釈である。ボールが円のように見えるのはボールと光と眼との相対的な立場のせいだと考えてやらなければならない。話が妙な方向にずれたが、要は、眼にうつったり影として平面にできたりした図形はあくまでも物体の一つの側面であり、真実の姿は三次元的な立体であることを強調したかっただけである。

■卵をわらずに黄身を出す

次元の思考に関する限り、大は小を兼ねるということわざがあてはまる。つまり三次元の世界に住むわれわれが、三次元的な頭脳で一、二、三次元を理解するのは容易である。ところが一つ

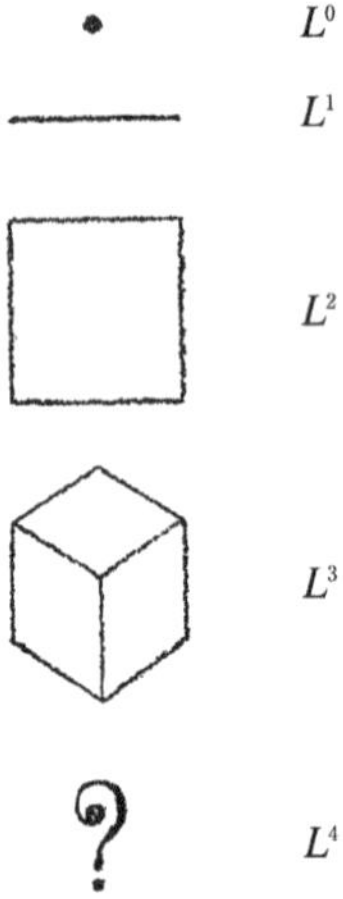

各次元の空間的物理量

上がって四次元ということになるとどうにもならない。

ついでのことに一よりも小さい零次元とはなにか。線分の長さをLとするとき、零次元の世界のもつ空間的物理量はL^0（エルのゼロジョウ）である。ところで零以外のどんな数でも零乗すれば一になってしまう。零次元では大きさとしての物理量は存在せず、大きさのない位置だけがあるということである。つまり零次元は点である。この意味で、零をも含めて、三次元以下の空間はわれわれにとって想像可能である。

さて四次元の空間であるが、これを考えるためには一次元から二次元へ、二次元から三次元へとたどってきた考え方を、さらに三次元から先へ同じようにおしすすめてゆくのが最も賢明な方法である。

ここで一本道や運動場でのバリケードの話を思いだしていただきたい。二次元の生物は、一次元の生物がどうにもならない障害を簡単に迂回することができた。さらに三次元の人間は、二次

四次元空間を通ってひっくり返された自動車

元の生物では越えがたいバリケードを苦もなくとびこえることができる。

かりに、大きなバレーボールをつくるとき、その中に小さな野球のボールを封じ込めてしまったとする。バレーボールの外皮はひもでしっかり縫いつける。振ってみると中で野球ボールがことことと音をたてている。この場合は野球ボールという物体のまわりを、バレーボールの皮という閉曲面がとり囲んでいる。

ここにもし四次元の生物が来たらどうなるか。彼はたやすく中の野球ボールを外側にとり出すにちがいない。しかもバレーボールの皮には何の損傷も与えないで。

そんなことはわれわれには絶対に不可能である。これはやむをえない。人間は三次元の世界に住む動物だから。それでは野球ボールはどこを通って外側に出たか。四次元の空間を通過したのである。二次元空間（つまり平面）は一次元空間のすぐ隣に広がっている。三次元空間（立体）は二次元空間のすぐそばに（あるいはすぐ上にと言った方がわかり易いかもしれない）存在している。同じような考え方をすれば、四次元空間はわれわれの見ている三次元空間に接して無限に大きく広がっているはずである。その空間をちょっと利用して野球ボールは外側に出た……と結論しなければならない。同様に四次元の生物は、卵のカラをわらずに黄身を取り出すことが可能である。

さきに、三次元立体とそれが平面に落とす射影との関係を考えた。とすると、われわれが現実に見ている立方体とか球とか円錐などというものは、四次元空間に存在する四次元物体が、三次元空間にうつしている射影であると考えることもできる。影にふ、く、ら、みがあるものかなどと言ってはいけない。四次元物体とはその影さえもがふくらみをもつところの特殊な存在なのである。

これまでの話から量的に推定されるものは、四次元立方体の体積である。今後は四次元立方体のことを超立方体、四次元体積のことを超体積などとよぶことにしよう。そうすると稜の長さがLである超立方体の超体積はL^4とならなければならない。一稜が十センチの立方体の体積は千立方センチだが、一稜が十センチの超立方体の超体積は 10000cm^4 となる。センチの四乗を何と言うか、きまった名称はない。だから数学的記号で書くよりほか仕方がないのである。

■まぼろしの次元

空間の中にある点の位置を言い表わすには「座標」を使うのがふつうのやり方である。もし空間が一次元なら——言いかえると点が直線の上だけを動くものなら——直線にあらかじめ原点と目盛りとを指定しておけば、点の位置は一つの数値で表現できる。点は原点の左側にあるかもしれないから、プラスの数値ばかりでなく、マイナスの数値も必要になってくる。

空間が二次元なら、横にx軸、縦にy軸を引いて直交させ、点の位置はx座標とy座標との二つを用いて言い表わす。

三次元ならさらにx軸とy軸とがある平面に垂直にz軸を設け、x、y、z、の三つの値が点

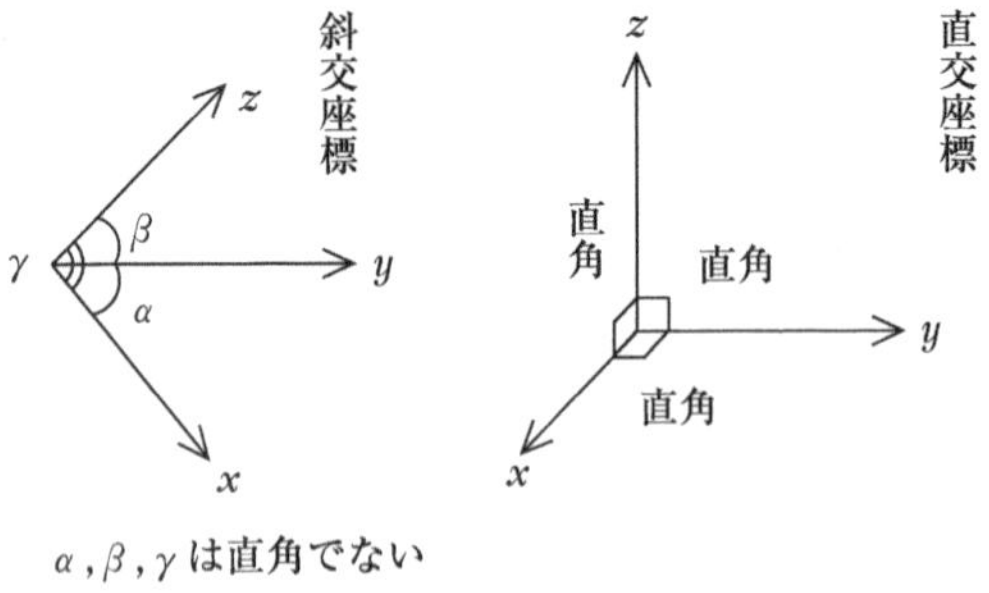

直交座標と斜交座標

の位置をきめる。このような座標を直交座標、あるいはデカルト座標（またはカルテシアン座標などと言うこともある）とよぶが、点の位置を表わすには必ずしも直交座標でなくてもいい。斜交座標、円筒座標、極座標、放物筒座標、回転放物体座標などいろいろな座標系が考案されており、場合場合に応じて好きな座標系を使えばいい。ただ、どんな座標系を使っても、三次元空間内の点の位置を言うためには、必ず三つ一組の数値が必要であり、三つ一組の数値があれば十分であることを忘れてはならない。

当分は話の複雑化をさけるため、直交座標を使うことにしよう。

四次元空間では座標はどうなるか。x、y、z軸のほかに、これらのいずれとも直交するもう一本の座標を引かなければならない。アルファベットはzでおしまいだからもう使う文字がないというなら遠慮することはな

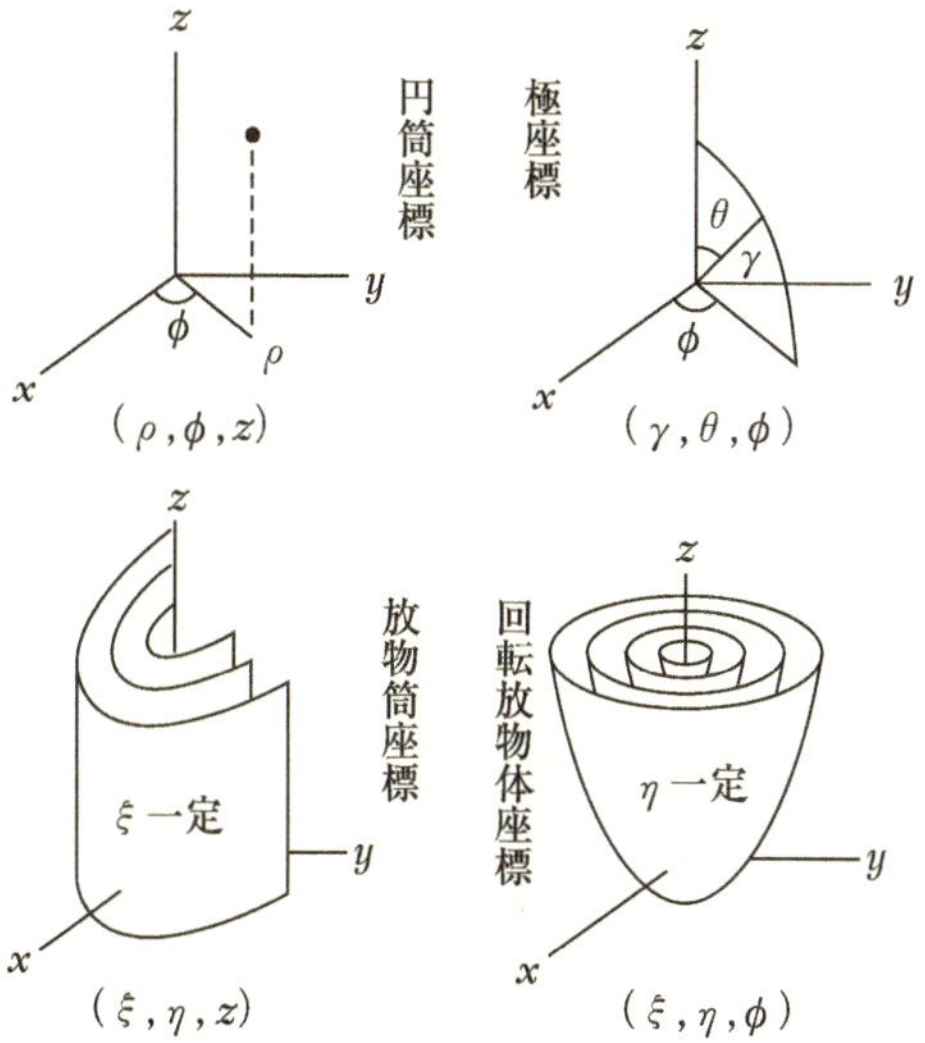

その他のいろいろな座標

い。前に戻ってuを借り、第四番目の方向をu座標としてやればいい。たとえば直方体があるとき、縦の方向がx、横がy、高さがzであり、このいずれの方向とも垂直な方向がuである（次ページ上図）。

しかしuとは実際にどちらを向いているのかと性急につめ寄られても困る。それが簡単にわかるくらいなら、この書物などまったく不用である。u方向、つまりまぼろしの第四番目の方向を考えていこうというのが本書の意図であり、早急な結論をさけ順を追って話を進めていくのがその方針である。

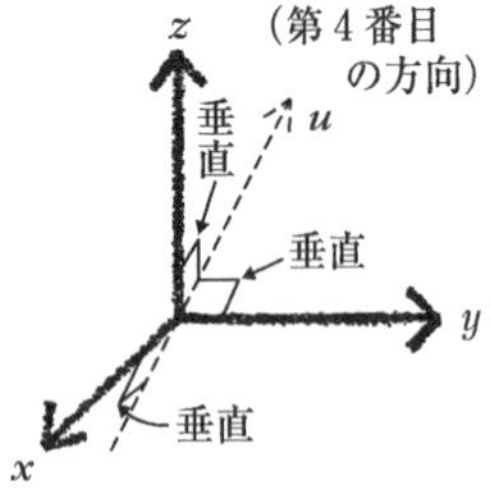

第四の u 座標

■多次元空間のマジック

空間を動く点は自由度が三であると言う。三つで一組の数値によりその位置がきまるからである。空を飛ぶ飛行機の位置を言うには、緯度、経度、高度の三つが必要である。これに対し海上の船舶は緯度と経度の二つで十分である。つまり自由度は二である。船舶は必ず海上にあるという束縛条件のため、自由度が一つ減っている（もっとも潜水艦は例外）。

もう一度、三次元空間の中の点に話を戻そう。点が動き、その跡に飛行機雲のような曲線を残すとする。このような点の運動を数式を使って書き表わすにはどうするか。ある時刻には右に走り、次に上に向かい、今度はななめ下に動いた……などと言葉で言ってもどうにもならない。このときには、位置を時間 t の関数として数式の形で書くのである。位置を言うには x 軸、y 軸、z 軸上の三つの要素 x、y、z が必要だから、結局、点の運動は、

$$\begin{cases} x = f(t) \\ y = g(t) \\ z = h(t) \end{cases}$$

で正確に記述されたことになる。f、g、hなどは関数であることを表わす記号で、たとえば、t^2-3t+4とか、$\sqrt{t^2+5}$とかいったtを含むいろいろな式を一般的に記載する方法である。こうした運動の結果が、立体中の飛行機雲になるわけである。

それでは空間の中に点が二つあり、この二つがめいめい勝手に動いていたらどうなるか。第一番目の点の位置を x_1 y_1 z_1 とし、第二番目の点の位置を x_2 y_2 z_2 としてやり、これら六個の変数が時間tとともにどうかわるかを、

$$\begin{cases} x_1=f_1(t) \\ y_1=g_1(t) \\ z_1=h_1(t) \end{cases} \qquad \begin{cases} x_2=f_2(t) \\ y_2=g_2(t) \\ z_2=h_2(t) \end{cases}$$

というような式で書き表わせばいい。f_1とかg_2とかいうのは、ある形の関数という意味である。現実の問題として考えれば、これらは空間中に描かれた二本の飛行機雲になる。

ここで考え方が多少飛躍するが、二本の飛行機雲を一本にまとめてしまうことはできないだろうか。できる。そのためには六次元空間を設定すればいい。

x_1 y_1 z_1 x_2 y_2 z_2という六本の座標軸があり、そのすべてが原点で交わっている。しかも六本のうちのどの二本をとりだしてみても、必ず直角になっているような座標軸を想定する。そんなこと

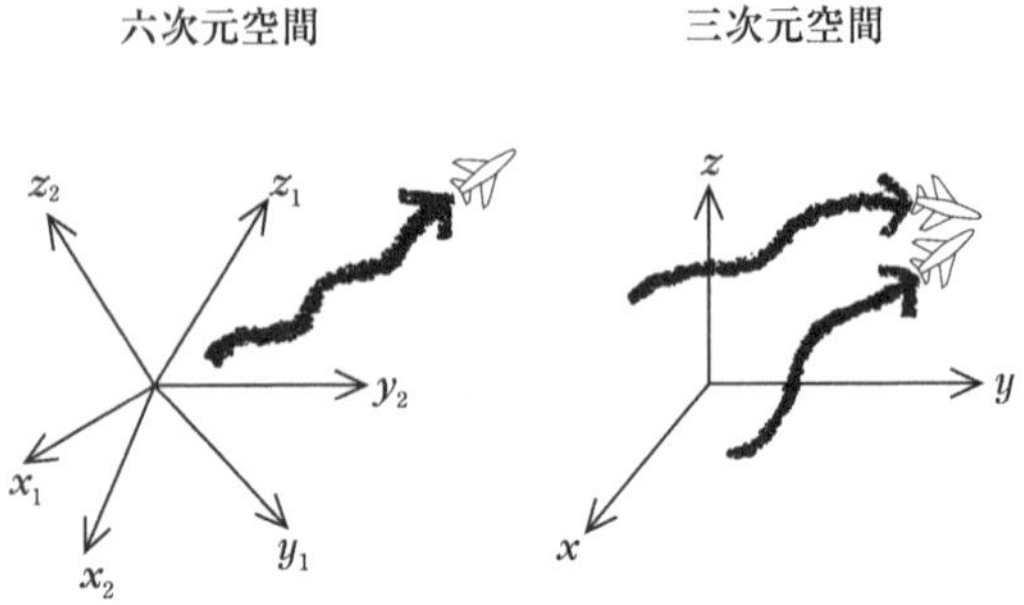

三次元空間から六次元空間へ

は不可能だなどと、三次元空間の常識で言いっこなしにするのである。それが可能な空間が六次元空間なのである。

かりに六次元空間を容認してもらうと、どうなるか。三次元空間での二つの点の位置は x_1 y_1 z_1 x_2 y_2 z_2 の六つの変数で完全に決定する。そのような六個の変数で決定できる位置というのは、六次元空間では一つの点になる。もちろん時間がたてば六個の変数の値はだんだん（数学的な言葉で言うと連続的に）移っていく。つまり六次元空間の中での飛行機雲は、われわれの住む世界の中の二つの点の運動をそのまま表現していることになる。

同じように、三つの点の運動を言うには九次元空間を、四つの点なら十二次元空間を考えてやりさえすればいい。これを一般化すると、n個の点なら$3n$次元空間を設定することになる。このようにもの（ものは一つでもいいし、たくさんでもかまわない）の位置を完全に言い表わす

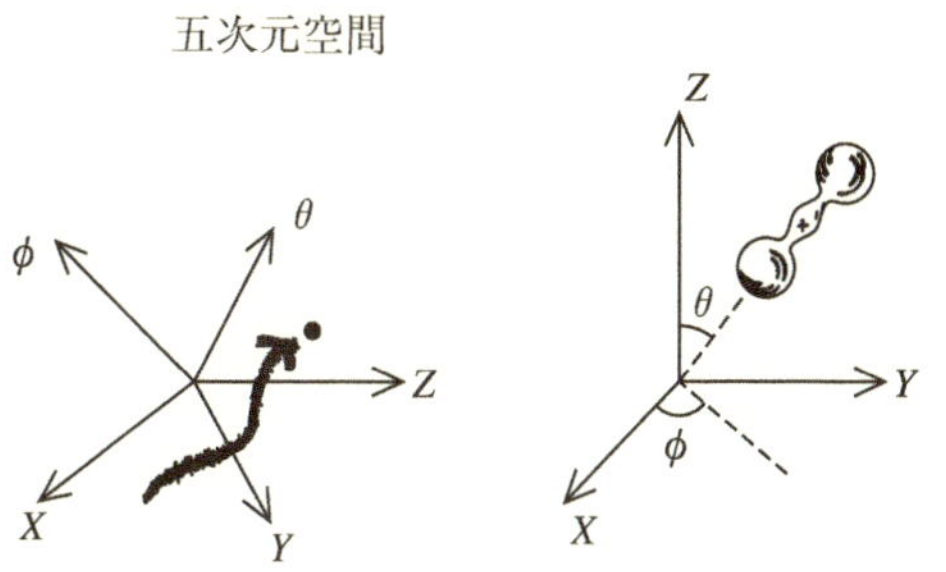

三次元空間から五次元空間へ

のに必要な変数の数を力学では自由度という。ものの運動状態を簡単明瞭に記述するためには、自由度の数と同じだけの次元の空間を設定して、その多次元空間内の一つの点の動きというふうに考えていくのが、ものごとをすっきりととらえる賢明なやり方である。

なお体操で使う亜鈴のようなものの自由度は重心の位置を言うのに三、亜鈴の方向を言うのに二つの変数が必要で自由度は合計五、複雑な形の物体（これを剛体と言う）では自由度が六になる。つまり空間の中を亜鈴が動いているとき、その位置とかたむきとを言うためには、五次元空間内の点の動きと同じように考えればいい。

このように力学（あるいは運動学）的な記述手段としては、四次元だけでなく、六次元でも九次元でも、どんどん使っていくのである。三次元から先は考えないなどと言っていては、複雑な自然を正確に記述するのはおぼつかない。しかし読者諸賢はこう言われるかもしれない。

「確かに六次元、九次元などという言葉はでてきた。しかしそれはあくまで記述を簡潔化させる手段であり、頭の中でかりに考えてみたものにすぎない。われわれの知りたいのはそんな形式論でなく、この世の中に本当に四次元というものがあるかどうかということだ」

と……。

確かにその通りであり、筆者もこれだけのことで多次元空間が存在するなどと言うつもりはない。こんな形式論をもちだしたところで標題の「四次元の世界」に対する何の解決にもならないだろう。しかしここではひとまず、六次元だの n 次元だのという言葉が、いま述べたような意味で数学や物理学では、何の抵抗もなく自然に使われていることを紹介するにとどめておこう。なお次元の数が無限大である無限次元空間（これをヒルバート空間と言う）も、数学や理論物理学の研究に欠かせない重要な概念である。

第2章　四次元空間の性質

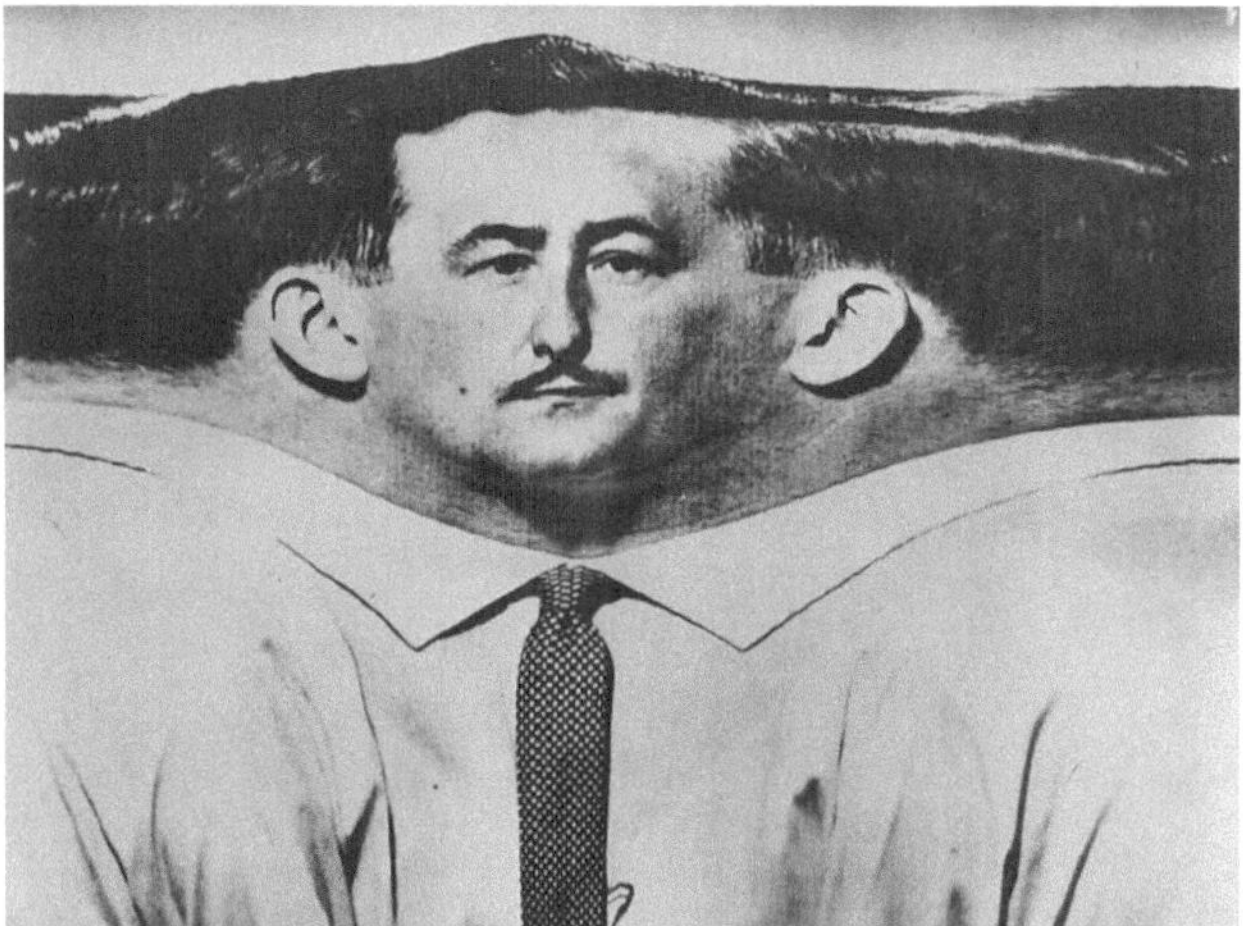

■現世は四次元空間の切り口

人間は想像力に富む動物である。見たことがないようなものをも、頭の中で考える。昔の人は、空飛ぶ船とか、地底を走る車などを絵に描いた。三つ目小僧やノッペラボウ、あるいはさまざまな妖怪変化などは、すべて想像力の産物である。地獄におちた亡者たちが血の池、針の山で苦しむ絵は子供たちに恐怖の念を与える。

これらはすべて頭の中だけで考えられたものである。誰も見たものはいない。見たこともないのに、かくありなんとして絵を描く。

四次元の世界も、誰も見たことがない。しかし考える能力のある人間は、これを頭の中に描こうとする。だがそれは紙の上に描き表わすわけにはいかない。この意味で、四次元の世界は怪獣よりも妖怪変化よりも、もっとやっかいなものである。もっときびしい想像力が要求されるものである。

だからもし空間が四次元だったらどうなるか……という問題は、数学的な方法で調べていくのが最も確かである。具体的なイメージにとらわれず、理屈で考えていこうというわけである。しかし、そのために話が形式的になるのはやむをえない。

点は零次元である。この点が直線の上にあるときには、直線を左の部分と右の部分とに分ける

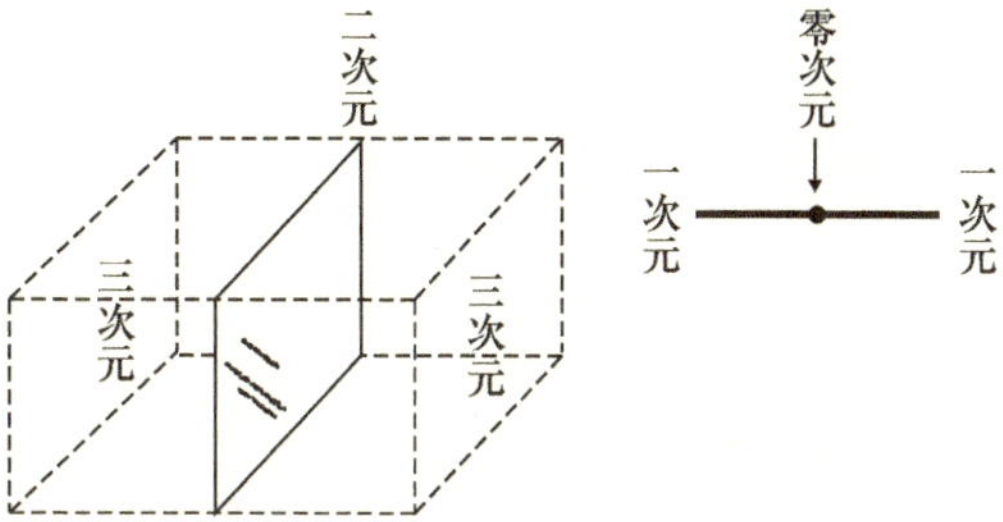

零次元の点は一次元の線を，二次元の面は
三次元の空間を2つに分ける

役目をする。同じように、無限に長い直線が平面の上に引かれているときには、直線（一次元）は平面（二次元）を二つの部分に分けている。さらに無限に広い平面を考えれば、これは無限に広い立体（三次元）の切り口になっている。あるいは、平面とは無限に薄い立体だと言ってもいい。

このことから類推すれば、われわれの住む三次元空間は、非常に広い四次元空間を二つに分けている切り口であると言える。あるいは四次元空間を無限に薄くしていった極限が現世であると言ってもよい。ただ残念なことには、人間の眼には現世の姿しかうつらない。そのすぐそばに広々とした四次元空間があったとしても、われわれの感覚ではどうにもならない。

第1章にも現われたが、縦、横、高さのほかにもう一本第四番目の方向があるとしたら、それはどちらを向いているのか。このことは平面と立体との関係を考えてみれば明らかとなる。平面の中でどんな方向に直線を引いても、三次元のふくらみは必ずこれらの直線と垂直の方向に伸びている。

これと同じで、われわれが空間の中でどんな方向に直線を引いても、四次元の世界は必ずこれらの直線と垂直の方向でなければならない。それは、縦、横、高さのいずれの方向とも違う。それではどちらの方向か。そんな第四番目の方向などというものがこの世に存在するのか。少なくともふつうの立体幾何学からはこの解答は求められそうにない。幾何学がだめならほかに何があるか？　空間も無限であるが、空間以外に無限に長い量は……ここで時間という異質の量が浮かび上がり、この時間を問題にする物理学がクローズ・アップされるが、この話は後にまわそう。しばらくは純粋な空間だけの問題として、幾何学の立場から四次元空間を追究していくことにする。

■超空間で交わる

一つの無限に広い平面の中に、平行でない二本の直線を引く。するとこの二本はどこかで必ず交わり、交わった場所は点になる。ここでもしその二本が平行なら、交わるという言葉の意味を拡張してやって、平行線も無限の遠方でやはり交わるということにする。三次元空間の中では、

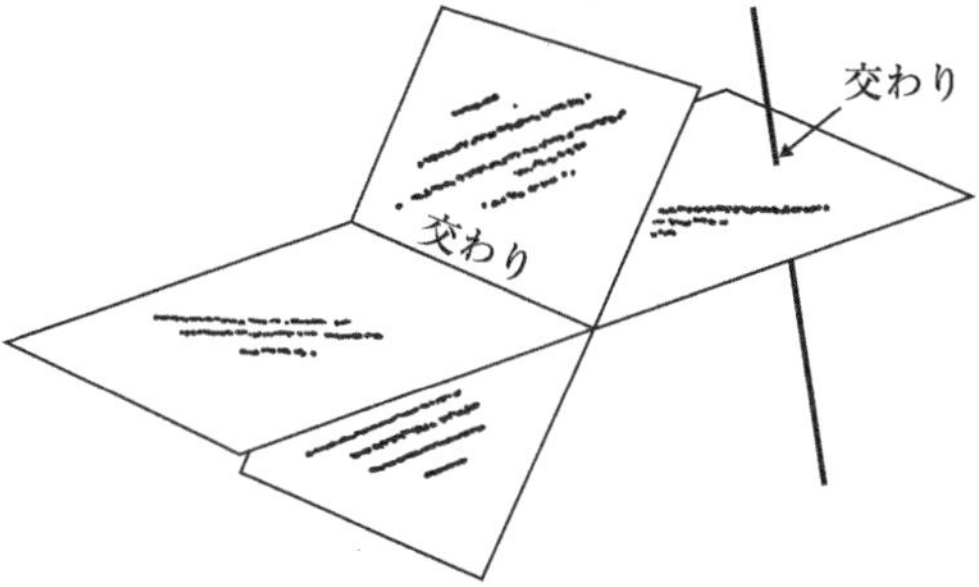

直線と平面の交わりは点，平面と平面との交わりは線

平面と直線とは交わり、交わったところはやはり点である。三次元空間の中で平面と平面も交わるが、交わった場所は直線になる。さらに三つの平面が交われば、交わったところは点になる。同じく三次元空間の中で、ある大きさの立体と大きな平面とが交われば、交わりの場所はある大きさをもった面である。これらのことは直感的にすぐ理解できる。

それでは四次元空間の中で(今後四次元空間のことを、簡単に「超空間」とよぶことにしよう)、このような交わりが生じたらどうなるか。超空間では、交わるという言葉が適当かどうか疑わしいから、これを切り合う空間とよぼう。また交わりによって生ずる部分を切り口ということにしよう。超空間での切り合いを列挙してみると、

(切り合う空間)	(切り口)
四次元物体と三次元空間	立体
二つの三次元空間	平面

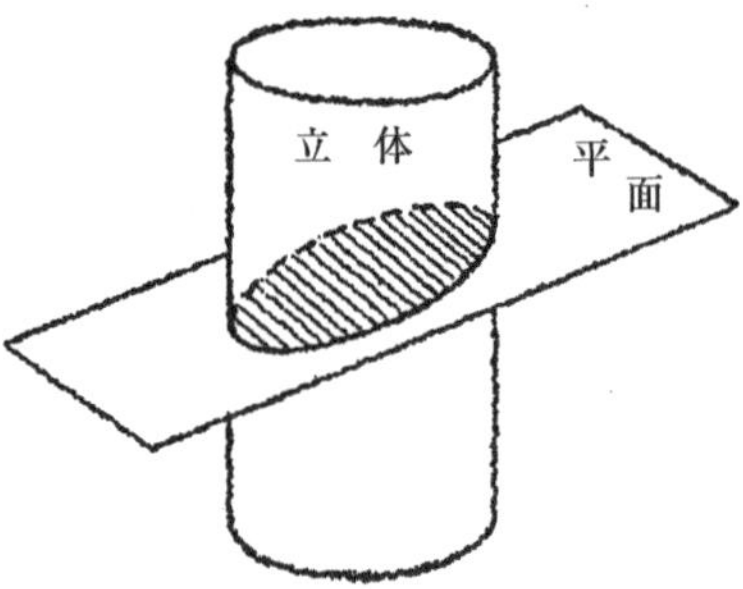

立体と平面との交わりは面

三つの三次元空間　直線
四つの三次元空間　点
三次元空間と平面　直線
三次元空間と直線　点
二つの平面　点

この七つのうち、はじめの四つは四次元空間が存在する場合に限り成立する事柄であり、切り口を模型的に描いてみようとしても不可能である。またあとの三つは、三次元空間の中でも交わることができる。ところが同じもの同士の切り口でも、三次元空間の中での話と、四次元空間の中で交わる場合とでは、切り口が違ってくる。

三次元空間での切り口は、

（切り合う空間）　（切り口）
三次元空間（有限な立体）と平面　平面
三次元空間（有限な立体）と直線　直線
二つの平面　直線

というように、明らかに四次元内での場合と異なるのである。

ちょうど平面内（二次元空間内）では、直線と平面との交わりは直線になるが（その直線がすっぽり平面の中に含まれてしまうのだから）、三次元内の話になると面と線との交わりは点になってしまうのと同じ事情である。

■平行な空間と垂直な空間

平面の中に、二本の平行な直線を引くことは簡単である。また空間の中に二つの平面を平行に置くこともできる。これらの場合、「平行」とはどういうことか。これはわれわれのよく知っていることである。どこまでいっても交わらない……あるいは別の言い方をすれば、平行とは無限の彼方で交わることである。

超空間（四次元空間）の中には、非常にたくさんの異なった三次元空間を考えることができる。ちょうど三次元空間の中に、異なったたくさんの平面があるのと同じである。そしてこれらの多くの三次元空間のうちから、特定の二つをとりだしたとき、たまたま互いに平行であるということもあり得るわけである。

しかし二つの三次元空間AとBとが平行であるとはどういうことか？　これは模型的に考えてみようとしてもどうにもならない。一方のAの中には人が住んでおり自動車も走っているとする。Aの中のどの部分（人の頭でも自動車のタイヤでもどこでもよい）から、他の空間Bのどこへ垂線を引いても、その長さがみな同じになるのである。その長さを、AとBとの垂直距離と言う。いったいどちらの方向に垂線を引っぱるのかとか、もう一つの空間Bはどこにあるのかなどとせんさくしても始まらない。模型を考えようとしても、どうにもならないのである。そういうことが可能なのだという理屈をすなおに認めてもらう以外にない。A空間内の人とB空間内の人とは、両空間が平行である関係上絶対に会うことができない。最も近づいた場合でも、両空間の垂直距離だけはなれている。

三次元空間の中で、二つの平面を適当に動かしてやって、互いに垂直にすることは可能である。これと同じように、二つの三次元空間AとBとが、超空間の中で互いに垂直になることもあるわけである。このときにはもちろん平行ではないから、A内の人とB内の人とは接触することができる。

まえに述べた切り口の一覧表にあるように、AとBとの切り口は面である。つまり特定な一つの平面だけが、三次元空間Aの一部分でもあるし、同時にこれに垂直な三次元空間Bの一部分でもある。だから両空間の住人がもし接触したとするならば、接触している部分は、この特定の平面の中でなければならない。

■四次元の玉

同一平面の中に二つの点をきめてやると、この二点を通る直線はきまる。しかつめらしい数学的表現を用いると、

「二点をよぎる直線は一本存在し、しかして、ただ一本に限る」

などと言う。しかしわれわれは、あまり面倒な言葉はさけ、くだけた言い方でいこう。

三次元空間の中に三つの点があると（ただし三つの点が一列に並んでいては困る）、これらを通る一つの平面（二次元）がきまる。同じように超空間の中に四個の点を指定すると（ただし四個の点が同じ平面の上にあってはいけない）、この四個の点を含む三次元空間は一つだけ確定するのである。このようなことは、五次元、六次元、……空間についても言える。だが話は同じだから五次元より先ははぶこう。

平面上に3点を指定すると
1つの円がきまる

同じ平面上に三点を指定すると、この三点を通る円周はただ一つだけきまる（三点が一本の直線の上に並んでいたら、半径無限大の円だと解釈すればいい）。三次元空間の中に四点を指定すれば、この四点を通る球面は一つだけ存在する。同じように超空間の中に五つの点をきめてやると、この五

つの点を通る四次元の球面が決定されるわけである（四次元空間を超空間とよぶように、四次元の球面を超球面ということにしよう）。

四次元球というのは想像もできないが、とにかく超球面（超球面そのものは四次元を包んでいる皮だから三次元である。たとえば三次元の球を包んでいる球面が、厚みのない二次元の皮であるのと同じである）のどこから測っても、四次元球の中心までの長さはすべて等しい。

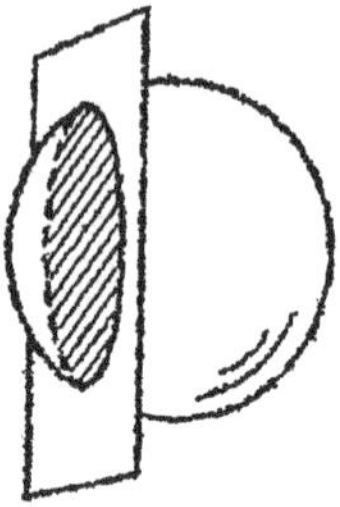

球と平面との交わりは円になる

■四次元球が行く

まえにも述べたが、二次元の生物にとっては、球は円としか受け取れない。だからもし、平面に球が近づいてきて、これと接触し、何の抵抗もなく球が平面にくい込んでそのまま進んでいき、やがて通り越してしまったら二次元の生物はどう思うだろうか。彼の眼にうつるのは球と平面との接触面だけである。球が平面に触れた瞬間、ポツンとした点が見え、それがみるみる円形に広がっていき、球の半径と同じになったとき円は最大になり、やがて小さくなって点となり、消えてしまう。

四次元球が行く！

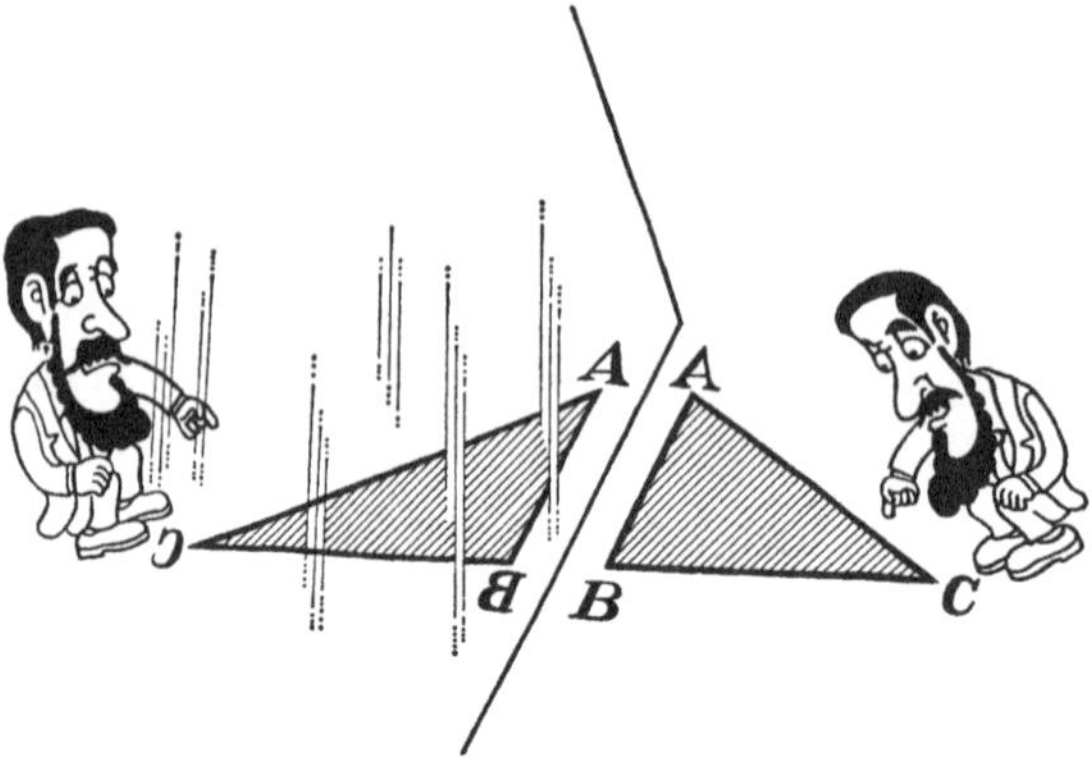

鏡にうつった関係の２つの三角形

したがって、もしここに四次元球というものがあって、われわれの住む三次元空間に近づき、通り越して行ったら、事情はまったく同じことになる。四次元球と三次元空間とが交わる切り口は球（ふつうの三次元球）である。そこでわれわれの眼の前にはいきなりポツンと点が現われ、みるみるそれが球形にふくらんでいく。やがて四次元球の半径と同じにまで大きくなると、まただんだん小さくなって、遂には消滅してしまうことになる。四次元球が四次元空間を動いていったのである。東から西へ行ったのか、上から下へ動いたのか、そんなことはせんさくしてもどうにもなるものではない。しいて言えば、東西、南北、上下のいずれとも直角の方向に移動していったのである。

■ゴムボールの反転

上図のように平面の上に二つの直角三角形がある。大

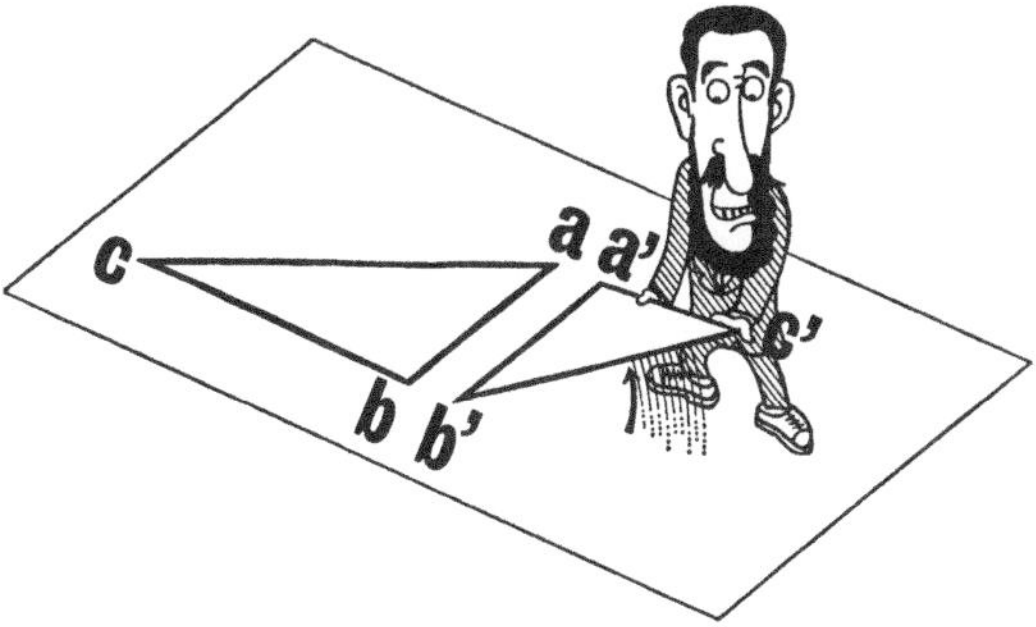

三次元空間を通せば重ねあわせ可能

きさや形は同じだが、見てわかるように左右が逆になっている。どちらの三角形も三角定規のように非常に薄い板でできていると考え、平面の上を自由に移動できるとする。ただし平面から離してはいけない。つまり二次元空間内で、自由に運動できるだけである。

さてこれらの三角形を平面内で適当に動かして、まったく重ねてしまうことができるだろうか？　縦に動かしても、横に引っぱっても、あるいは平面内でぐるりと回転させてもだめである。重ねるためには一方の三角板を裏返しにしなければならない。裏返しにするためにはいったんは平面から離して（三角形の一辺だけは平面にくっついていてもかまわないが）、三次元の空間の中を回転させなければならない。

このことをもう一つ高い次元で考えてみると次ページの図のようになる。二つの同じ大きさ同じ形の四面体があるが、二つはちょうど鏡にうつった像と実物とのよう

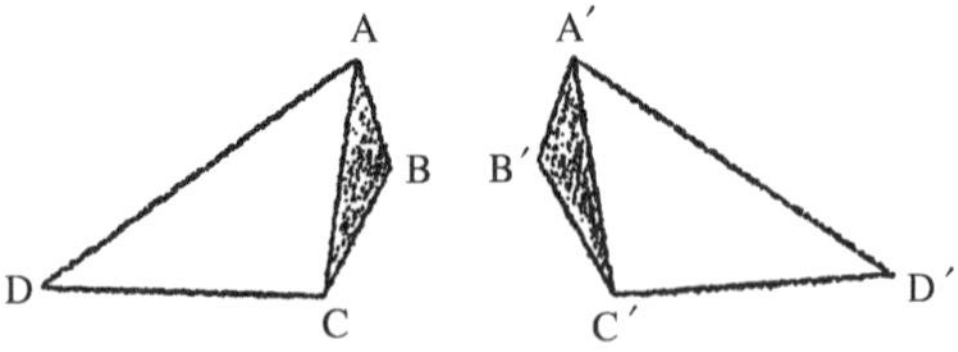

2つの対称な不等面四面体

に対称になっている（もちろん正四面体でなく、不等面四面体である）。これを重ねるということは無理だが、たとえば右側の四面体を左側のように直すことができるか？これはわれわれ人間には不可能である。三次元の世界に住む生物であるがゆえに、できないのである。しかし四次元の世界に生きるものだったら、いともたやすく反転させてしまうだろう。四次元の空間を通って、くるりとひと回りさせてしまえばいい。

サウスポーの野球の投手が、うっかりふつうのグローブ（つまり左手にはめるグローブ）を買ってしまった。しまったと思った彼は、運動具屋にとりかえに行かねばなるまい。彼は決して四次元の人間ではないのだから。

紙テープでつくった輪（二次元）の内側を外側に、外側を内側にひっくり返すのは、三次元世界のわれわれなら可能である。これと同じでもし四次元の生物がきたら、薄いやわらかなゴムボール（三次元）などは、どこも破ら

四次元の生物なら袋を破らずにネコをとり出せるだろう

ずに、裏側と表側とをひっくり返してしまうだろう。ちょうどわれわれが紙テープをひっくり返すような要領で。

■正二十面体でストップ

三角形、四角形、五角形などは平面に描かれた図形である。そして各辺の長さがすべて等しいものが正三角形、正四角形などであり、これらはわれわれもよく知っている。さらに、正五角形、正六角形などと、正のつく多辺形はいくつまであるのか？　いくらでも辺の数の多い正多角形（あるいは正多辺形と言ってもいい）を描くことが可能である。円を描き、中心の三百六十度をn等分してn本の半径を放射状に伸ばし、これらの半径が円周と交わる点を順次結んでいけば正n辺形が得られる。

以上は平面幾何学であるが、立体幾何学になるとどうなるか。最も面の数の少ない立体は四面体である。そして四つの面がどれも同じ大きさの正三角形であるとき、これを正四面体という。

一般にすべての面が同じ形、同じ大きさの正多角形（幾何学ではこれらの面は合同であるという）で囲まれてしかも対称的な立体を正多面体と言う。それでは正多面体も正多角形と同じように無数にたくさんあるのか。そうはいかない。立体では平面図形と違って五種類しかない。これらをならべて書いてみると次のようになる（六十八ページの図参照）。

〔名称〕	〔頂点の数〕	〔稜の数〕	〔面の数〕	〔面の形〕
正四面体	4	6	4	正三角形
正六面体	8	12	6	正方形
正八面体	6	12	8	正三角形
正十二面体	20	30	12	正五角形
正二十面体	12	30	20	正三角形

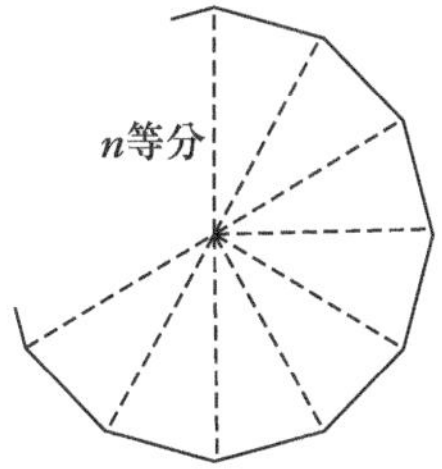

正n角形のつくり方

このうち、正六面体とは立方体のことであり、いわゆるサイコロ形である。

■四次元サイコロを見るために

すぐまえに述べた正多面体は、ふつうの空間（三次元空間）での話であるが、これが四次元空間だったらどうなるか。四次元正多面体（これを超正多面体と言うことにしよう）が何種類あるかはあとまわしにし、最もわかり易い四次元立方体（超立方体）について考えてみよう。三次元空間で、正四面体を

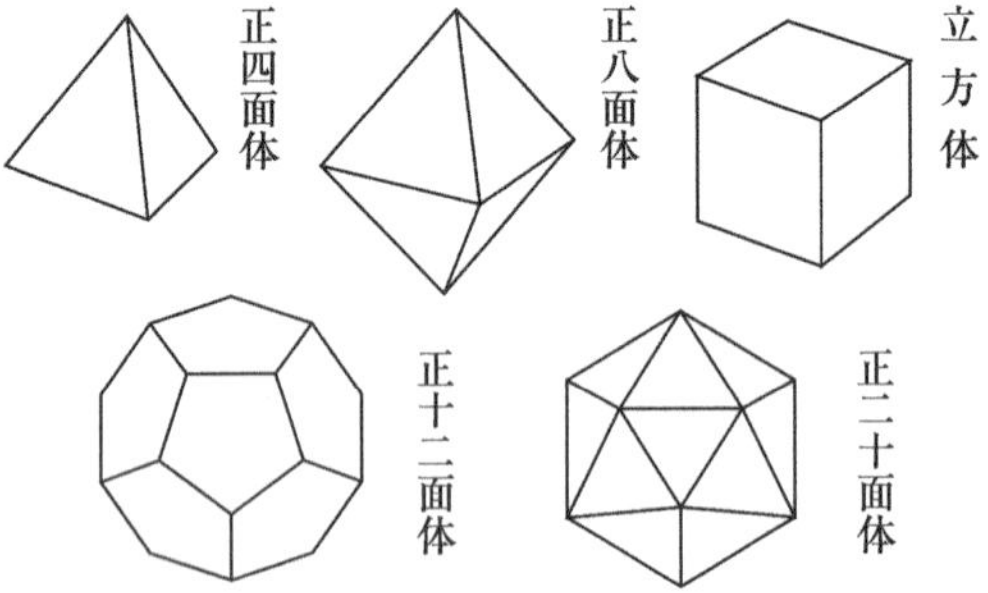

5種類の正多面体

扱うよりも、立方体を考える方がいろいろな点で研究しやすいのと同じである。

さて超立方体とはどんなものか。稜の長さをLとするとき、L^4の体積（四次元空間のふくらみも、体積という言葉で表わすことにする）をもつものである、ということ以外にさっぱりわからない。しかし、三次元の立方体が、二次元の面でとり囲まれたものであることから、あえて考えていくならば、超立方体とはその周囲が何個かのふつうの（つまり三次元の）立方体でとり囲まれたところの四次元的ふくらみのはずである。では、三次元立方体が六つの面で囲まれているのに対し、超立方体の周囲の立方体は全部で何個あるか。

このことを考えるために、ふたたび次元の低いものに戻ってみる。長さLの線分ABを、ABと垂直の方向にLだけ引っぱったとき、ABの通過した空間（ABという掃除機の掃いた跡）が正方形である。正方形ABCDがあり、この面を面と垂直の方向にLだけ動かしたとき、この正方形の通過した跡が立方体である。このとき面ＡＢＣＤに対して垂直な方向というのは、線分ＡＢやＢＣに対しても、もちろん垂直な方向であることを忘れてはならない。

次に、正方形から立方体をつくるのとまったく同じ方法で、立方体から超立方体をつくることを念頭において話を進めよう。

正方形は平面（つまり二次元）の中にある。この正方形を同じ平面の中で移動させても、立方体はつくれない。この平面と垂直な方向、つまり第三番目の次元の方向にLだけ引っぱらなくてはならない。そうすると最初の正方形ＡＢＣＤは、Lだけ移動したのちにA′B′C′D′になる。正方形の移動によって、こうして三次元空間に描かれた立方体は、六つの正方形によってとり囲まれているが、それら六つの正方形とは、

(1)　ＡＢＣＤ　出発時の正方形
(2)　A′B′C′D′　到着時の正方形
(3)　ＡＢB′A′　移動により線分ＡＢが描く正方形
(4)　ＢＣC′B′　移動により線分ＢＣが描く正方形
(5)　ＣＤD′C′　移動により線分ＣＤが描く正方形

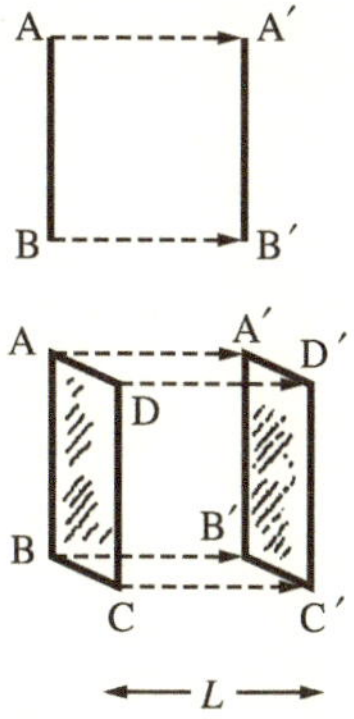

線の移動が面をつくり，面の移動が立体をつくる

(6)DAA′D′　移動により線分DAが描く正方形である。側面は、出発時、到着時、それに移動によって描かれるものの三種類からできているわけである。

同様に、立方体の稜の数は、
出発時の正方形で四本（ABなど）
到着時の正方形で四本（A′B′など）
移動によりできるもの四本（AA′など）
で合計十二本になる。移動によってできる稜の数は、出発時の正方形の頂点の数に等しい。このことは、図を見ることにより、すぐに納得できるだろう。

なお立方体の頂点の数は、
出発時の正方形に四個（A、B、C、D）
到着時の正方形に四個（A′、B′、C′、D′）
の合計八個である。移動により頂点が新しくできるということはない。

■描けない図をかく

ところで超立方体をつくるには、立方体を稜の長さLだけ移動させる。どちらの方向に？　第

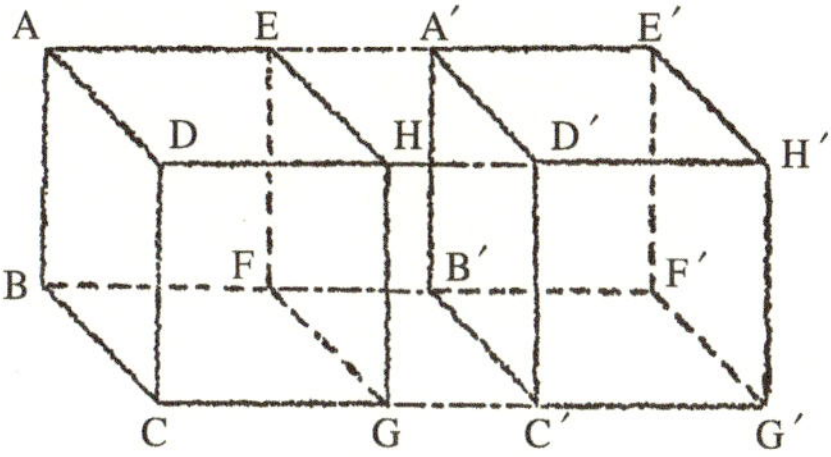

立方体を第四番目の次元の方向に L だけ移動

四番目の次元の方向に動かすのである。図でABCDEFGHが出発時の立方体である。そして、A′B′C′D′E′F′G′H′が到着時の立方体のつもりで描いた立方体の図である。ただしこの図をあまり信用してはいけない。四次元空間中の図など描けるわけがない。苦しまぎれに、三次元空間の中に描いてしまったのである。

出発時の立方体は、われわれの住む三次元空間の中にある。そうして、この立方体が第四番目の次元の方向に L だけ移動している。もちろん第四番目の方向などわれわれの目には見えない。また到着時の立方体は、眼の前にある世界とは別の三次元空間の中に収まっている。その三次元空間とは、われわれの住む三次元空間と平行な空間である。

だからAとA′、BとB′あるいはHとH′との距離は L である。また稜AB、BC、……などはこれに垂直の方向に L だけ動いて、A′B′、B′C′……などになる。さらに出発時の立方体の六つの面（いずれも正方形）は、それぞれすべてが面と垂直の方向にLだけ移動しているのである。図を見て、正方形ABCDは面と垂直方向に動いているが、正方形ADHEは面と平行の方向に移動しているなどと言ってはいけない。これは図が悪いのである。正確な図など、描けようはずがない。

こうしてとにかく形式的ではあるが、超立方体は何個の三次元立方体に、何枚の正方形に、何本の稜に、何個の頂点にとり囲まれているかは、おしはかることができる。正方形を動かして立方体をつくったときと同じように、立方体を移動させて超立方体をつくるのであるから、出発時、到着時、途中移動で立方体や正方形などがどれだけあるかを計算してやればいい。

出発時や到着時のものはすぐにわかる。移動によってつくられるものは、

正方形（面）が移動して立方体

稜が移動して面

点が移動して稜

になることを考えて、表にしてみると次のようになる。

	（出発時）	（移動）	（到着時）	合計
頂点	8	……	8	16
稜	12	8	12	32

面（正方形）	6	12	6	24
立方体	1	6	1	8

超立方体は八個の三次元立方体と、二十四枚の正方形と、三十二本の稜と、十六個の頂点によってとり囲まれていることになる。

■超立方体の豆細工

われわれがものの形を描くときは、鉛筆やペンを使って紙の上に描きこむのがふつうである。ところが紙は平面である。そこで三次元の立体的ふくらみを描こうとすると、さまざまな工夫をこらさなくてはならない。一枚の画では物体の射影しか描けないから、断面図を何枚も描いて、できるだけ実際の形を表現しようとする努力などはその一例である。

では、立体的なものを描写するのに次のような立体筆記用具を考案したらどうだろう。たとえば立方体（直方体でも球でもかまわないが）の容器があり、この中には特殊な薬品がつまっているとする。この中で鉛筆に似た特殊な筆記用具を走らすと、しんの通った跡には曲線が描かれる。しかし常に線が描かれるとすると連続した線しか描けないから、オフのボタンを押している間は線は描かれないようにする。もしこんな機械があったら、立体的な設計図などを描くことが可能になり、製図法の上で大きな革命になるだろう。円筒や円錐の側面などを描く場合にはぬりつぶさなければならないから多少めんどうだが、原理的には不可能ではない。

しかし、これをおしすすめて四次元筆記用具をつくったら、という考えは徒労に終わってしまうだろう。いったいだれが超立方体をつくることができ、だれがそこで鉛筆を走らせるのであろうか。また、もしそれが仮に可能だとしても、われわれには三次元の射影として見えるだけである。つまり、われわれはあくまでも三次元の中で無理な画を描くよりほかないのである。

ふつうの立方体の絵を二次元の紙に描くことが可能なように、超立方体を三次元空間の中に豆細工的につくることは可能である。七十六ページの図は、超立方体を三次元の紙（?）に描き表わした（実際には豆細工としてつくった）ものである。

ふつうの立方体を紙に描くときには、どんな方向から見ても、せいぜい三つの面しか見ることができない。これと同じように、図（七十六ページ）では、超立方体をとり囲む八個の三次元立方体のうち、四個しか描かれて（実はつくられて）いない。

図の左下にあるのが出発時の立方体である。これは六つの面をもっているが、図では右側、下側、むこう側の三つの面の移動が描かれている。この三つの面が動いて、いずれも平行六面体のようなものをつくっている。ふつうの立方体を紙に描くと、面は平行四辺形のように描き表わされるのと同じで、この図のようにしてつくった超立方体の周囲の三次元立方体は、必ずしも立方体として描かれずに、平行六面体になってしまう。

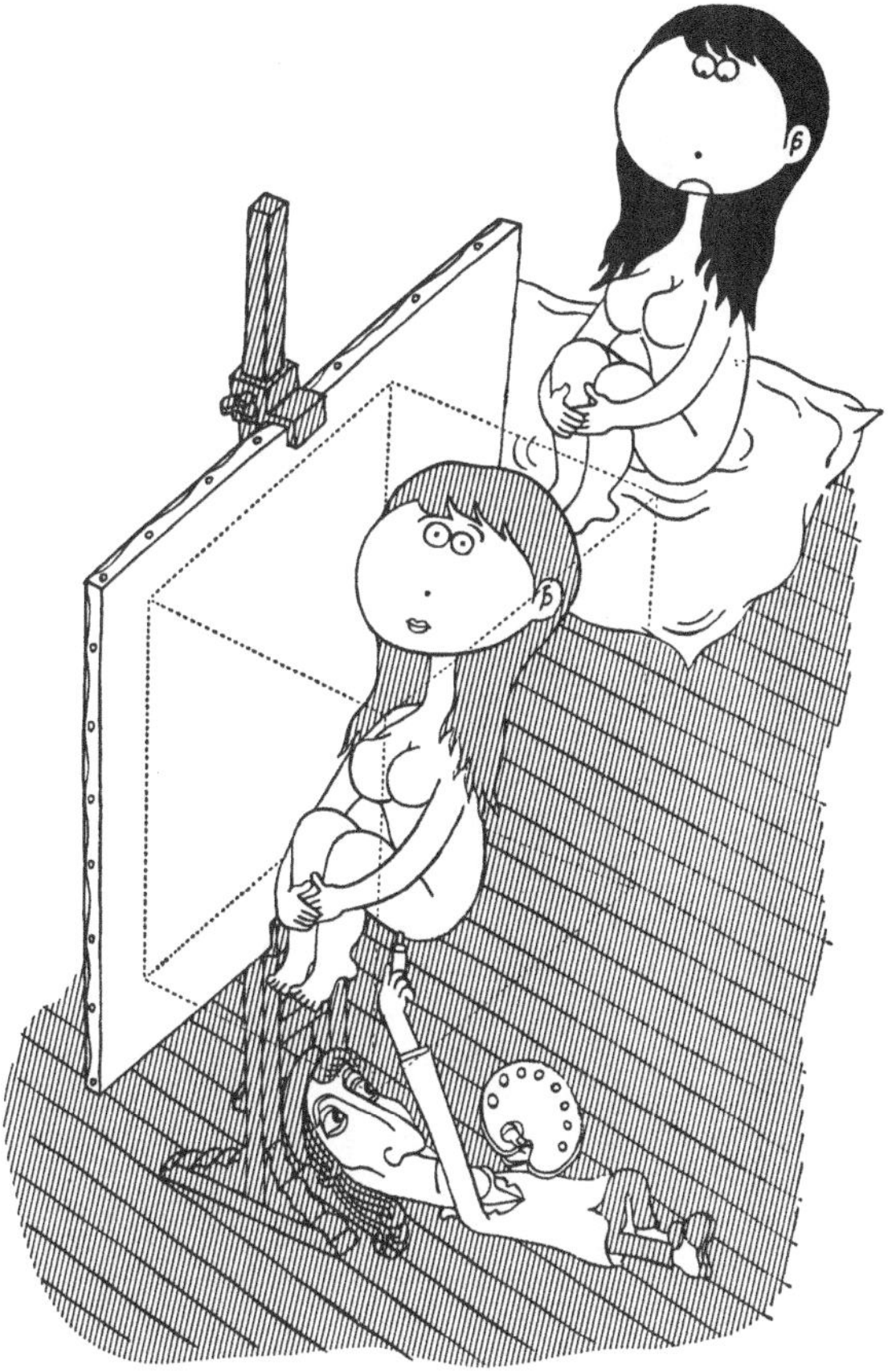

立体筆記用具

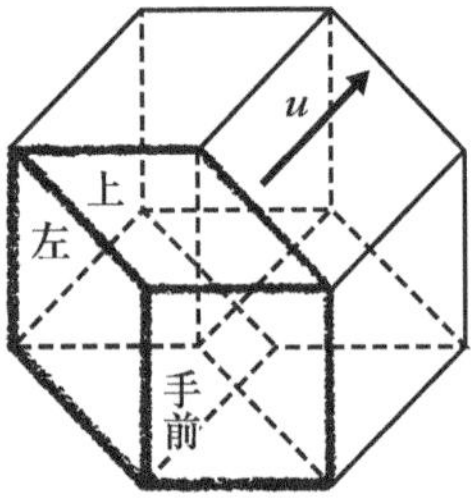

豆細工的超立方体

図は出発時の立方体一個と、移動によってつくられる立方体のうちの三個とを描いたものだが、ちょっと考えると、出発時の立方体の左側の面、手前の面、上側の面が移動してできるあと三個の立方体も描けそうな気がする。しかし、この図の中にそれを描き込むのは、いたずらに混乱を招くだけである。そこで次にもう少しわかり易い方法で、超立方体を図解してみよう。

図（七十七ページ）はゴムでできた中空のサイコロの一面（たとえば六の目の面）を切り取ってしまい、残りの五つの面を強引に平面に押しつけた図である。ゴム製なので、一の目の面以外は押しつけられて台形になる。これと同じように、超立方体の側面にある八つの立方体のうち、一つだけを除き去って、あとの七つを強引に三次元空間に押しつけたのが七十八ページの図である。中央の小さい立方体と、これを囲む六つの六面体（その六つの六面体は、押しつけられた結果いずれも上面と下底面とが正方形で、側面が同じ形の台形になっている）が、超立方体のまわりの立方体になるのである。

除き去った最後の立方体というのは、図の一番外側の六つの正方形を側面とする立方体である。だからといって、この大きな立方体全体を、第八番目の立方体と考えるのはよくない。サイコロを押しつけた図で、除き去った六の目の面は、一番外側の四つの辺を辺とする正方形ではあるが、この大きな正方形そのものが「六」の面ではない。しいて言うならば、この大きな正方形の裏返しである。これと同じように、除き去った立方体というのは、図（七十八ページ）の大きな立方体を裏返しにした立方体と考えればよい。

■三次元空間に押しつける

三次元の立方体を考えてみる。その頂点に注目すれば、

●一点には｛互いに垂直な三本の稜
互いに垂直な三枚の面｝が集まっており、

●一稜には　互いに垂直な二枚の面がきている。

さて四次元になるとどうなるか。一点には互いに垂直な四本の稜が集まっている。それが四次元というものの性質である。この直交する四本の軸をそれぞれ、x軸、y軸、z軸、u軸としよう。このu軸というのは、三次元空間で

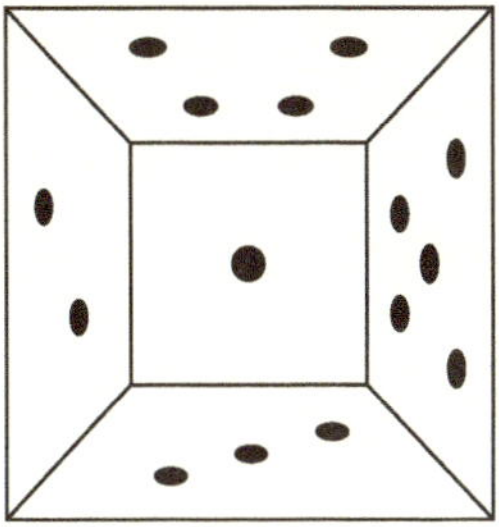

平面に押しつけられたゴムのサイコロ

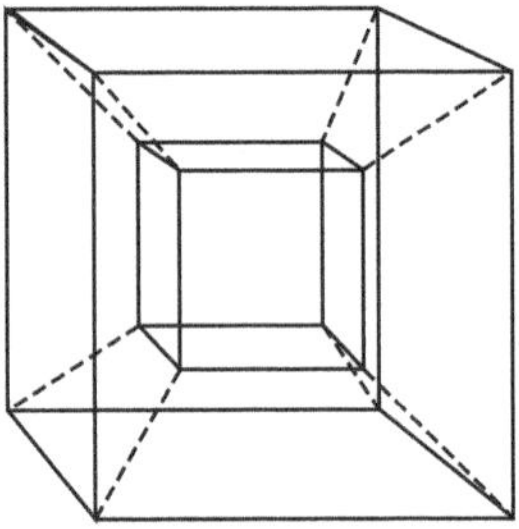

超立方体を三次元空間に押しつけたところ

は考えられない。

それでは四次元空間の中の一点に集まっている互いに垂直な面は何枚あるか。四次元だから四枚だろうなどと言ってはいけない。三次元空間では、一点に集まる面はx-y面（x軸とy軸とでつくられる面のこと）、y-z面、z-x面の三枚である。ところが四次元になると、

x-y面、x-z面、x-u面、y-z面、y-u面、z-u面の六枚である。四次元の世界では、一点に集まっている互いに垂直な面というのは六枚もあるのである。

それでは四次元空間では、一つの点に何個の立方体が集まっているのか。言いかえると、超立方体の一つの頂点に触れている三次元立方体の数は何個であるか。これは超立方体をつくったときの操作を思いだしてみればいい。たとえば出発時の立方体の一つの頂点に注目すると、まず出発時の立方体そのものがこの頂点に触れている。また出発時の立方体の三つの面がこの頂点に触れている。この三つの面は移動によって三つの三次元立方体をつくる。だから一つの頂点に集まっている三次元立方体の数はあわせて四個である。

したがって、四次元空間では、

● 一点には
- 互いに垂直な四本の稜
- 互いに垂直な六枚の面
- 互いに垂直な四個の立方体

が集まっている。さらにくわしく証明することは避けるが、四次元空間の、

● 一稜には
- 互いに垂直な三枚の面
- 互いに垂直な三個の立方体

が集まっており、

● 一つの面には、互いに垂直な二個の立方体、がきているのである。

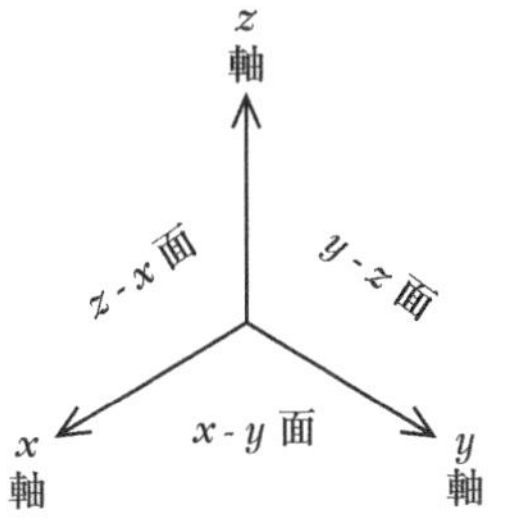

三次元空間で１点に集まる面の数

超立方体を三次元空間にペシャンと押しつけた七十八ページの図は、実はこのようなことからおしはかってつくられたものである。中央の小さな立方体に注目し、その頂点、稜、面などに線とか面とかがどれだけ集まっているか数えてやればいい。ただしこの図からは、「互いに垂直な」ということはわからない。本当は四次元であるが、これを三次元にして示してあるのだから、垂直にならないのはやむをえない。

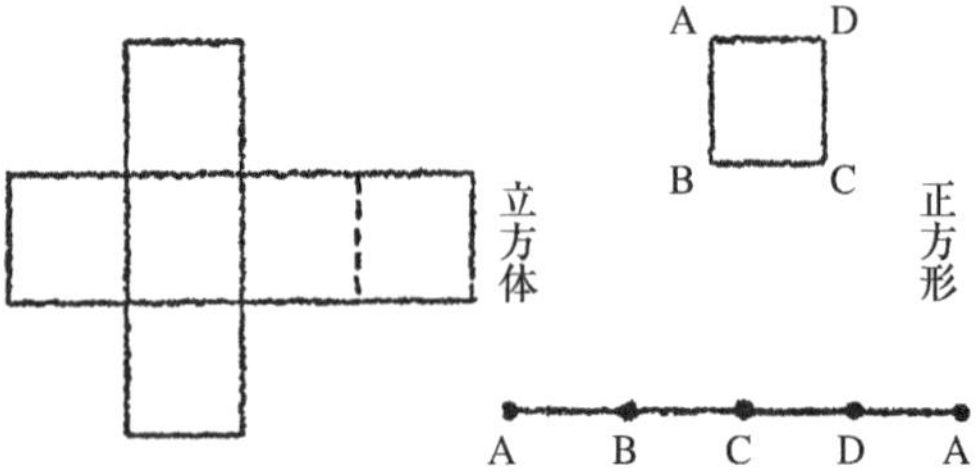

正方形の展開図と立方体の展開図

■四次元サイコロの展開図

前節では超立方体を三次元空間に射影したものについて考えたが、ここではその展開図を調べてみよう。展開図は、次元を一つ落とした図形ではあるが、射影とは意味が違う。正方形ＡＢＣＤの展開図は、その周囲を糸か折り曲げることのできる折れ尺のように考えて、直線ＡＢＣＤＡのようにしたもののことをいう。立方体の展開図は上図のようになることはすぐわかるだろう。これに適当に「のりしろ」をつけ、点線のところで折り曲げてはればサイコロができる。

超立方体の展開図は次ページの図である。ここにある八つの立方体が、超立方体の側面になり、これらを適当に折り曲げてつなぎ合わせると超立方体になる。ただし、どうやって折り曲げるのだとつめ寄られても、大数学者、大物理学者といえども返答につまるだろう。

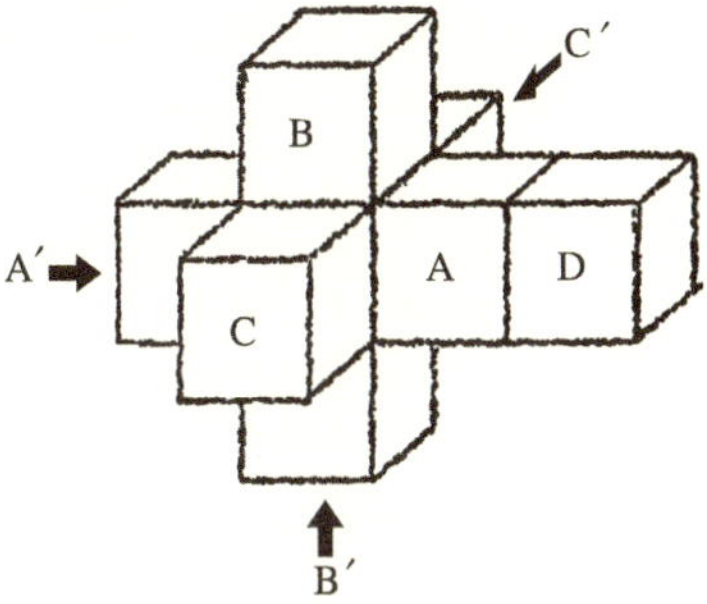

超立方体の展開図

ただし次のようなことは言える。ふつうのサイコロの六つの側面のうちどの側面に注目しても、他の四つの面と接触している。言いかえると接触しない面というのは一つしかない（たとえば一の目の面では六の目の面と接触していないし、二の目の面は五の目の面と接触していない……）。

これと同じで上図の八個の小立方体は、これを折って超立方体をつくるとき必ず他の六個の小立方体に接触している。そして接触しない小立方体は一つしかない。接触しないもの同士は図のAとA′、BとB′、CとC′、DとD′（ただしD′はかくれていて見えない）である。

この展開図の八個の小立方体をかりにバラバラに切り離せば、

立方体8、面48、稜96、頂点64

になるが、実際には先にあげたように超立方体では、

立方体8、面24、稜32、頂点16

である。このことは、超立方体のまわりの面は、二つの

三次元立方体に共通のものになっており、稜は三つの立方体、頂点は四つの立方体に共通になっている（数学の言葉で言うと共有されている）ことを語っているわけであり、七十八ページの図の考え方がここでも支持されていることになる。

■四次元正多面体

右に見た超立方体以外に、四次元空間の正多面体にはどんなものがあるだろうか。

周囲をとり囲む線や面の数が最も少ない図形は、二次元では三角形、三次元では四面体である。したがって四次元空間では、五つの四面体に囲まれた超立体が予想される。これを五胞体（あるいは五単体）とよぶ。

いま、一つの正四面体をあたかも底面のように考えてやる。そして四次元空間にポツンと点が一つだけあるとする。この点と四面体の周囲の四つの正三角形を使えば四つの四面体がつくられる。この四つの四面体と、底面のそれとで、都合五つの四面体が五胞体を囲んでいることになる。頂点の数は、四面体より一つ増えて五つになる。稜の数は、底面の四面体の四頂点と新たな点とを結ぶ四本が増えて十本に、面の数は新たな点と底面の四面体の六本とを結んで六個の正三角形ができ上がって合計十になる。この五胞体を記号でC_5のように書く。

次に簡単なのはさきに述べた超立方体で、これを別名八胞体（あるいは八単体）とよび、記号ではC8のように記す。このように考えていって、四次元空間の正多面体をすべて挙げてみると、結局次の六種類が存在することがわかる。

(記号)	(名　称)	(境界多面体の種類と個数)
C_5	五胞体	五個の正四面体
C_8	八胞体	八個の立方体
C_{16}	十六胞体	十六個の正四面体
C_{24}	二十四胞体	二十四個の正八面体
C_{120}	百二十胞体	百二十個の正十二面体
C_{600}	六百胞体	六百個の正四面体

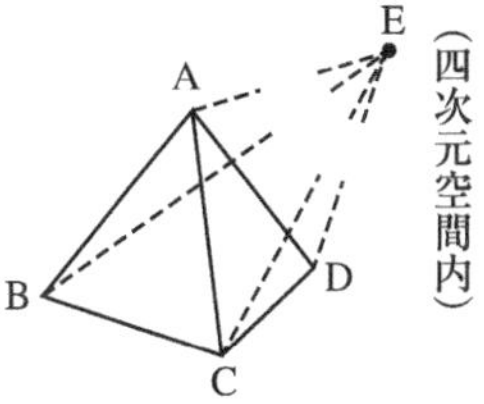

五胞体をつくる

これらの超立方体の境界は、正多面体、正多角形、稜、頂点でとり囲まれているわけであるが、それらの個数は、超立方体や五胞体で数えたのと同じような方法で求めることができる。それらを書き並べてみると次のようになる。

（記号）	（立体）	（面）	（稜）	（頂点）
C_5	5	10	10	5
C_8	8	24	32	16
C_{16}	16	32	24	8
C_{24}	24	96	96	24
C_{120}	120	720	1200	600
C_{600}	600	1200	720	120

なお三次元空間の多面体では、どのような形のものでも（もちろん正多面体でなくてもいい）必ず、

（頂点のかず）－（稜のかず）＋（面のかず）＝2

が成立するが、四次元多面体になると次のようになることをつけ加えておこう。

（頂点のかず）－（稜のかず）＋（面のかず）－（立体のかず）＝0

前者はオイラーによって、後者はポアンカレによって発見された公式である。

第3章　曲がった空間

■戻らぬ飛行機

長距離飛行機の航空テストが行なわれた。予定された飛行距離は四千キロメートルである。○時○分、東京から東に向けて飛びたった飛行機は、そのまま東に千キロ飛び、そこで直角に右折した。そしてそのまま太平洋上を南に向けて千キロ飛び再び直角に右折した。次に今度は西に向かって千キロ飛び、ここでまた直角に右折した。最後の千キロは真北に向かって飛ぶことになるが、やがて日本の本土に近づくにつれて雲が現われ、視界がまったくきかなくなってしまった。とにかく計器をたよりに北に千キロ飛んだと思われる地点で、着陸しようとして雲海の下へ出た。そこはもとの東京上空であっただろうか。

以上はパズルの一つである。解答は……東京の上空ではない。犬吠埼付近の上空にいるはずである。ふつうに考えたら、一辺が千キロの正方形の四つの辺を飛んだのだから東京に舞い戻っているはずである。だが解答がそのようにならないからこそ、これがパズルの問題になり得るわけである。

それでは最初東京から西へ千キロ飛んで韓国のプサン東北部で直角に左折し、南へ千キロ、さらに東へ千キロ、再び北へ千キロ飛んだらどこに着くか？　おそらく山梨県の甲府市の付近であろう。

正方形を描いて飛んだはずなのに、なぜ東京に戻らないのか？　われわれはつい平面幾何学的な頭で問題を考えるが、実はこれは球面幾何学の問題である。もっとひらたく言えば、地球は丸いからである。

平面の上に描かれた図形なら、四つの角が全部直角で、三辺が千キロなら、残る一辺も千キロである。ところが地球のような球面上の図形ではそうはならない。

地球の表面では、北極と南極をつないで引かれた経度と経度の間隔は、赤道に近づくほど長く、北極や南極に近いほど短い。そして両極ではすべての経度が交わってしまう。経度と経度との間隔は東京付近で千キロあっても、もっと南の小笠原諸島の付近では千百キロもある。だからはじめの問題で東京から千キロも東へ行ってしまうと、これより千キロ南の小笠原諸島付近で千キロ西へ飛んだところで、東京と同じ経度までは戻りきれない。三度目に右折する位置は東京の真南ではないのだ。したがって飛行機は犬吠埼に戻ってしまう。またあとの問題では三回目に東進しても東京の真南まで戻りきれなくて、結局甲府に着いてしまうことにな

一辺千キロの正方形のつもり？

る。

■朝顔の蔓は何次元か

これまでに述べてきたところによると、一次元空間とは直線であり、二次元空間とは平面であった。それでは曲線は何次元か。曲面はどうなのか。

蚊取り線香のような渦巻きはひとつの平面の中にある。しかし朝顔の蔓《つる》などはぐるぐる巻きながら伸びているから、三次元空間をもってこなければ収まらないだろう。それでは蚊取り線香の渦巻きは二次元で、蔓は三次元か。

確かに、「一次元とは直線で、二次元とは平らな面である」ときびしく規定してしまえば、蚊取り線香の渦巻きを理解するには二次元空間が必要になり、蔓を感覚するには三次元の知識が必要である。しかし数学的な規定からすれば、その線だけに注目するから、線香も蔓もやはり一次元である。その線の上にある点の位置を言い表わすには、一つの変数だけでこと足りるからである。まっすぐに伸びていないということでこれまでの話と違っているが、たとえ曲がっていても線上の点はその線をはずれることがない。したがってそれはあくまで一次元の問題になるというわけである。

たとえば、鉄道線路はまっすぐに敷いた方が能率的だろうが、日本のように地形の複雑なとこ

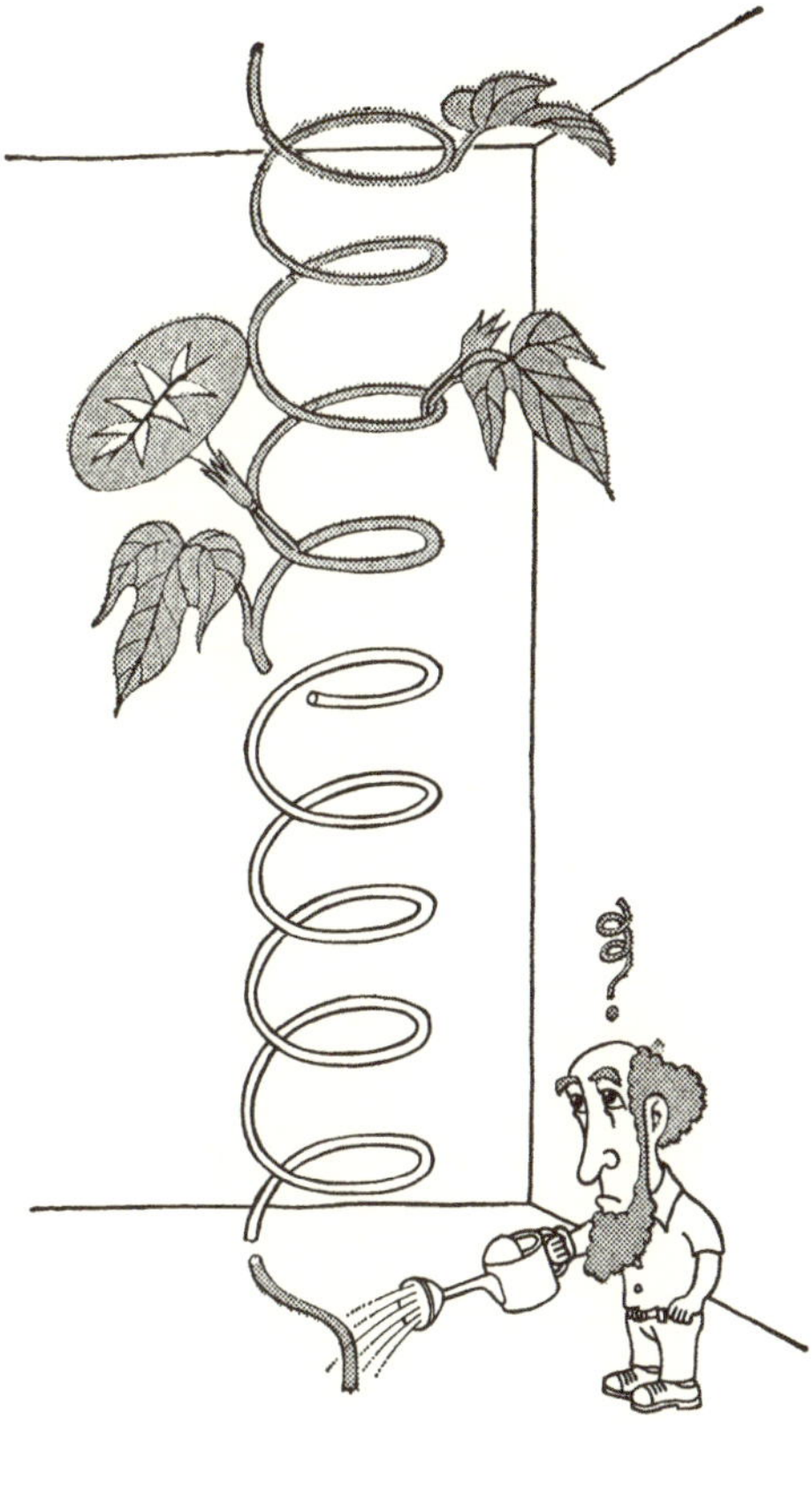

朝顔の蔓は何次元？

ろではかなり曲がりくねっている。しかし東海道本線で東京駅から百キロの地点と言えば即座にその場所を言いあてることができる（湯河原と熱海の間）。また逆に、名古屋駅の位置はと言えば、東京駅から三百六十六キロの地点である。実際に、下り列車に乗って線路の左側を注意して見ていけば（線路の両側に立っている場合もある）、起点駅からのキロ数を示す大きな標識が目に入るだろう。さらにその大きな標識の間には百メートルごとに小さな標識が立っている。

すぐあとに「曲率」のことを述べるが、線路わきに立っている細い標識は、実は線路の曲がり方を示すものである。数字は線路の曲率半径で、単位はメートルである。数値が小さいほど曲がり方ははげしく、半径三百メートルほどになるとかなりきびしく曲がるから、列車はスピードを落とさなければならない。

同じように、球面や円柱側面のような曲がった面でも、それが二次元の面であることにはかわりはない。面上の点の位置を示すには、二つの変数だけで十分だからである。たとえば地球上のある地点は、東経何度、北緯何度と言えばぴたりときまる。このように曲面も二次元空間ではあるが、曲がっていない平面とくらべると、事情はいろいろと複雑になる。

ここで問題にしたいのは三次元空間である。三次元空間はわれわれの目の前に一種類しかない。それではこの空間はまっすぐなのか、曲がっているのか。だれの目にも、まっすぐなものはまっすぐに見えるから、どうもこの空間はまっすぐらしい。それではもし曲がっていたらどうな

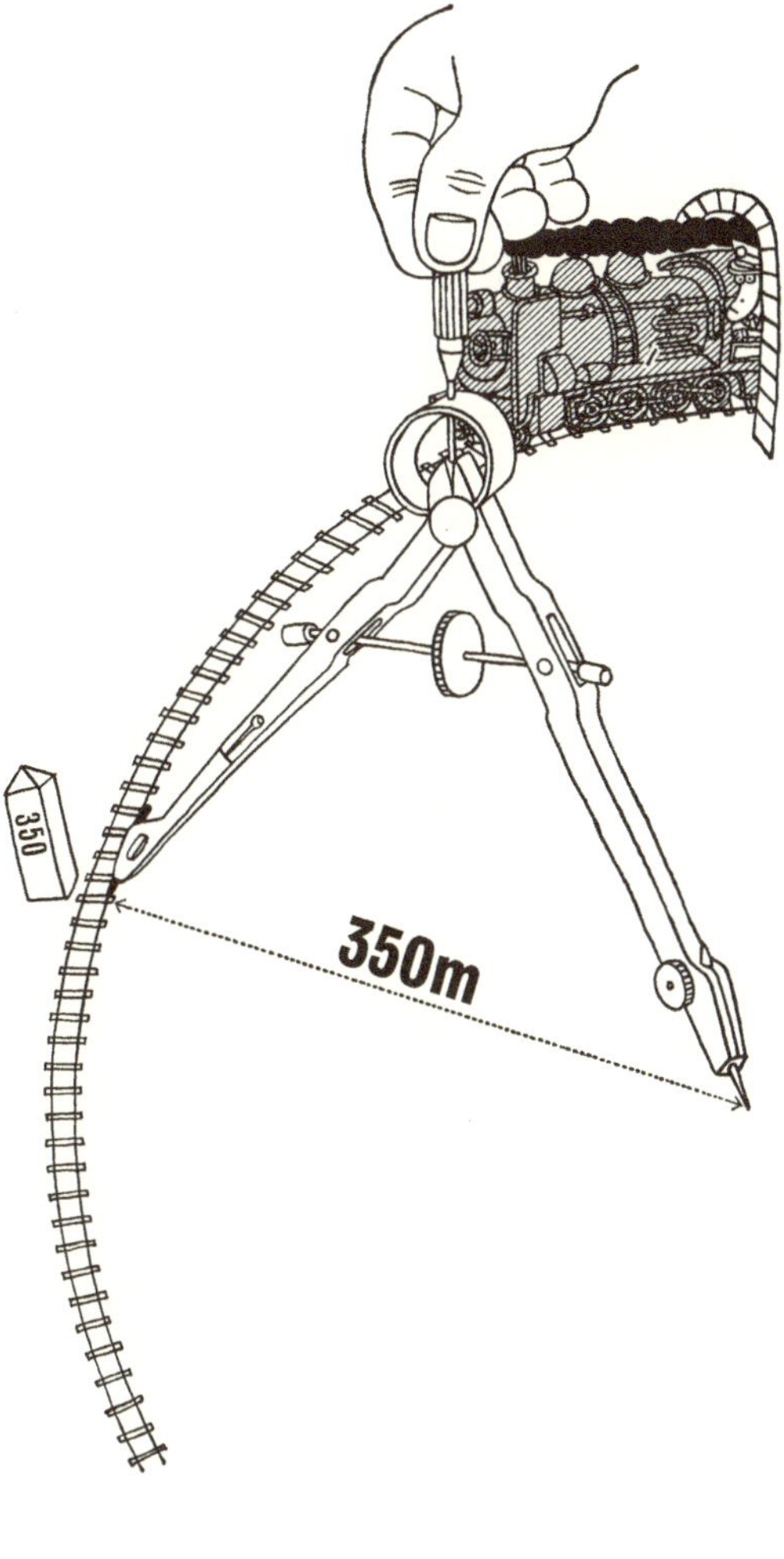

線路標識に注意

るか。また三次元が曲がるとはどういうことなのか。これは四次元空間を考えるのと同じほどわかりにくい問題である。

しかし平面と曲面との関係から類推することによって、曲がっている三次元空間をある程度理解することは可能である。まず曲がった空間への入り口として、平面が曲面になったらどうなるかを、しばらく考えていくことにしよう。

■勝手の違う球面

曲面にはいろいろな種類のものがあるが、最初に地球の表面と同じような球面をとりあげよう。これが平面とどう違うかを調べてみるのである。ゆきつくところは、まっすぐな三次元空間と曲がった三次元空間とでは、いろいろな幾何学的条件がどう違ってくるかを理解することにある。

球の中心を通る大きな平面と交わってできる円を大円という。そして大円以外に、つまり球の中心からはずれて球面に描かれた円を小円とよぶ。地球表面に設定された経度はすべて大円であるが、緯度は赤道の一本を除いては、全部小円になっている。

ところで平面上には直線が引けるが、球面上にはふつうの直線というものはない。ここで、「直線」という言葉をもっと広く解釈してやろう。

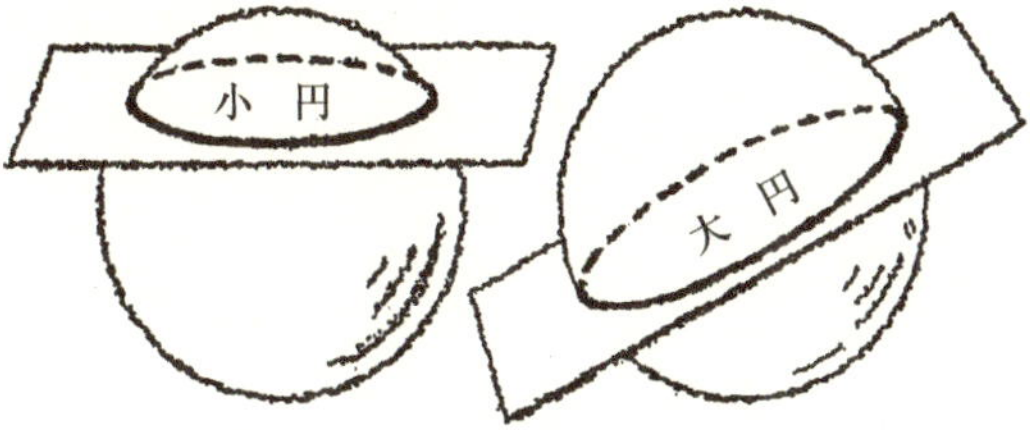

大円と小円

平面上で、点Aおよび点Bを通る直線とは、AとBとを結ぶ最短距離の線のことである。一方、球面上の二点ABを結ぶ直線こそないが、最も短い線というのは存在する。AとBとを通る大円がそれである。正確に言えば、大円に沿ってAからBに行くには、こちら側とむこう側との二通りあるが、その短いほうが最短距離の線である。曲面幾何学ではこれを測地線とよぶ。

メルカトル式世界地図を見ると、横浜とサンフランシスコとを結ぶ航路は、北方に大きく曲がっているように描かれているが、実はあれが測地線である。球面を地図のような平面に描き直すときには、長さや形に無理を生じ、長いものが短く、短いものが長いようになってしまう。太平洋横断は北方を迂回する方がはるかに短い。というよりも「北方を迂回する」という言葉がすでに間違っているのである。昭和十六年に真珠湾を攻撃した日本海軍は攻撃前に千島に集結したが、「遠く千島に迂回集

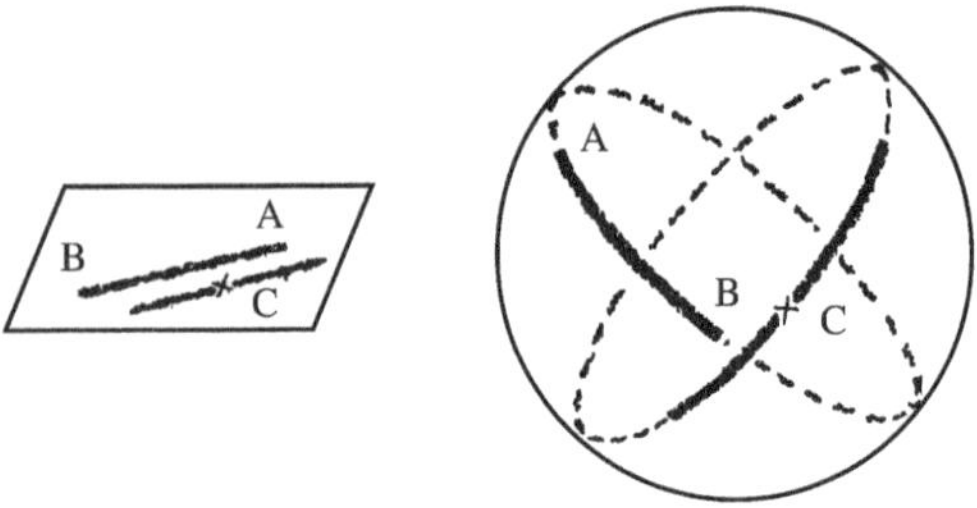

測地線と平行線

結した」のではなく、攻撃途上の千島に立ち寄ったのである。

A、Bを結ぶ測地線はA、Bが球の両端（たとえば南極と北極のような）なら無数に引けるが、そうでなければ確実に一本引けて、二本以上は絶対に引けない。

ところで平面の上で、直線ABと直線CD（ABやCDをどちら側にも非常に長く延ばして考える）とが平行とはどういうことか。二本をいくら延ばしても永久に交わらないということである（まえにはこれを、無限に遠方で交わるという言い方をした）。平面上では、Cを通ってABに平行な直線は、確実に一本は存在するが、しかし二本以上は引けない。

球面ではどうか。球面では平行な直線（この場合、直線とは測地線のことである。以後、測地線のことを簡単に直線と言うことがある）など存在しない。たとえば地球の経度を見ても、北極と南極とでみんな一点に集まってしまう。

球面上で二本の大円を、どのような方法で描いてみても、必ず二点で交わってしまうことはすぐわかるだろう。

しかし緯度は交わらない。だから球面上にも平行な直線が存在するではないか、というのは誤りである。

われわれはいま、「平行な直線」を問題にしている。繰り返すが球面上で直線（正確には測地線）とよべるのは大円だけである。緯度線は直線ではない。したがって球面上では平行直線が存在しない。C点を通って直線ＡＢに平行な直線はないのである。これはあとでも述べるように、空間がまっすぐか、曲がっているかを区別するための、最も重要な事柄である。

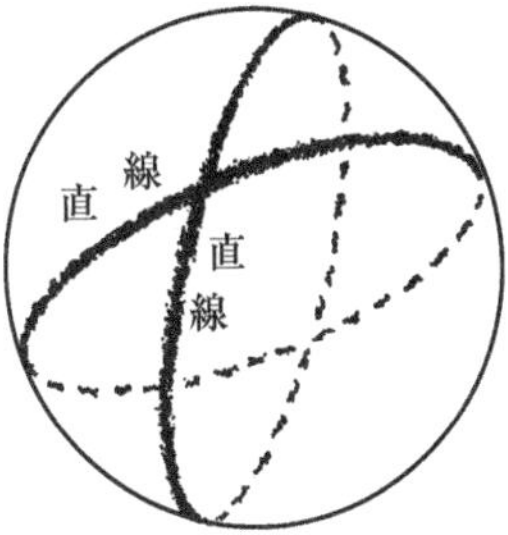

球面では平行な直線は存在しない

■曲がった空間

本書のねらいは四次元の空間とはどんなものかを考えることである。さきの章では四次元空間の産物として、超立方体や五胞体などを導きだした。しかしこれらは、あくまでまっすぐな空間の中での話であり、空間が曲がっていたら事情はもっとかわってくる。

われわれはいつも紙の上に字を書き、絵を描き、図形を描く。つまり平面の上にものを書くことになれすぎているから、とかく曲がりということを忘れがちになる。

世界地図を何度も見ているうちに、いつのまにかインドはグリーンランドよりも小さいのだ、などと錯覚してしまう。アラスカとイギリス本土とはずいぶん離れている、と思いがちである。また、一点を通る平行線はただ一本だけ引け、三角形の内角の和は二直角になる（このことはすぐあとにくわしく述べる）というのがわれわれの信念である。

ところがこれらの事柄は決して絶対的なものではない。「もし面が曲がっていなかったら」という条件つきで成立するのである。むしろ世の中には曲がった面の方がたくさんあり、まっすぐな面の方が特殊なケースであると言えよう。

平面図形に関する幾何学はギリシア時代の昔から研究されてきたが、人間が面の曲がりに気づき、曲がった面での幾何学をつくりだしたのはそれほど古いことではない。

面の曲がりは模型的にもつくられるし、頭の中で考えることもそれほどむずかしいことではない。しかし三次元空間の曲がりとなると見当もつかない。のちに述べるが、多くの革命的発見と同じく、これも天才的な数学者によって開発されてきたものである。

四次元の空間を研究するのと同じように、三次元空間の曲がりも空間論における重要な課題である。というよりも、空間の次元数を問題にする場合には、必ずその曲がりをも調べなければならない。つまり次元を一つふやしたらどうなるかということと同時に、実際に空間が曲がっていたらどんな結果になるかということもつきつめていかなければならない。

われわれの住むこの宇宙空間の性質をくわしく調べていったのはアインシュタインである。彼は第一流の物理学者ではあるが、数学には素人であった。いかに物理学者の直感力がすぐれていても、複雑な数学を知らなければ自然界のからくりを正確に解き明かすことはできない。彼が特殊相対性理論に続いて、一般相対性理論を展開できた裏には、僚友の数学者の鋭い示唆があったという。僚友は彼に数式をもって教えたのである。

「宇宙空間は曲がっている」

と……。

■平面幾何学が使えない

三次元空間の曲がりはむずかしいから、再び球面に話を戻そう。球面上に描かれた図形を研究する学問を球面幾何学という。平面幾何学との違いは、さきに述べたように、

●平行な二本の直線は存在しない

ということのほかに、

●直線には端はないが、長さは有限である

●三角形の内角の和は二直角よりも大きい

などがある。たとえば地球の上で、頂点を北極に、底辺を赤道にとってみると、底辺の両側の内角はどちらも直角である。するとその二角の和だけで二直角になるから、さらに頂角を加えた内角の総和は必ず二直角よりも大きくなる。

二つの図形の大きさも形も等しいとき、この二つは「合同」であるという。形は等しいが大きさが違っているときには「相似」とよぶ。さて二つの三角形が合同であるのは、

●三辺の長さがそれぞれ等しい
●二辺とその夾角が等しい
●一辺とその両端の角が等しい

などの場合であるが、これは平面幾何学でも球面幾何学でも、ともに成立する条件である。ところが「三つの角度がそれぞれ等しい」二つの三角形は、平面に描かれたものならば相似であるにすぎないが、同じ半径の球面上に描かれたものならば合同になってしまうのである。言いかえると、角度はすべて同じで、大きさだけが違う二つの三角形を同じ球面の上に描くことはできない。空間がまっすぐか、曲がっているかの相違がこんなところに現われてくる。

平面の上に描かれた半径 r の円の面積 S は、r の二乗に比例する。式で書くと、

$$S=\pi r^2$$

三角形の内角の和は
2直角より大きい
A
A′
B′
C′
C
B
∠A＝∠A′
∠B＝∠B′
∠C＝∠C′
とはならない
r
S
円の面積はπr^2より小

球面の性質のいろいろ

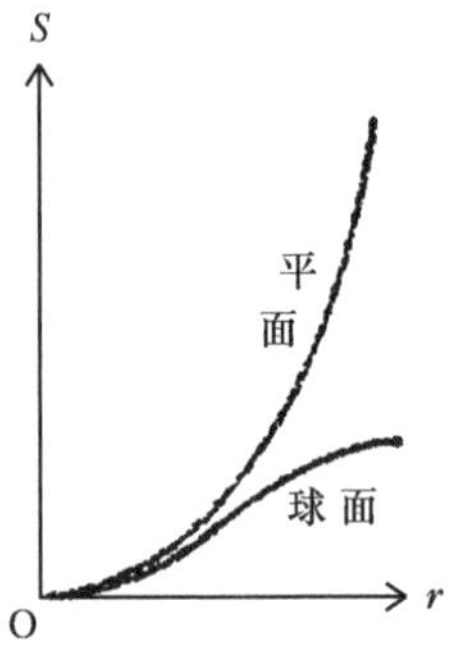

半径 r と面積 S との関係

である。πは円周率を表わす。

それでは、同じ半径rの円を球面の上に描くと面積はどうなるか。平面上の円とくらべて面積は小さいし、円周も短くなる。また、これは球の大きさにも関係してくる。同じ半径であっても、大きな球の上に描くか、小さな球面上に描くかで、円の面積は違ってくる。

いま一定の球面の上に、いろいろな半径の円を描いてみよう。半径が二倍、三倍、……となっても、ふつう考えるように球面上の円の面積は四倍、九倍、……というようにはならない。面積Sを半径rの関数としてグラフに描いてみると図のようになる。これを見るとわかるように平面上の円の面積は放物形に増加していくが、球面上の円では、増加の傾向がrが大きくなるにしたがってにぶくなっている。

だから、半径何メートルの円の中の土地をやると言われたとき、球面上の土地をもらうよりも、平面の土地をもらった方が得だということになる。もっとも地球のように大きな球では、たとえ何十平方キロの土地であろうとも、球面であるがための面積の相違など、ほとんど問題にならないが……。

とにかく円の面積が、半径の二乗に比例するかしないかが、二次元空間がまっすぐであるか曲がっているかの目安になるということは、十分心得ておいていいことである。

■曲率

「曲がっている」ということは、空間を考えるうえでの欠くことのできない概念である。しかし四次元空間を想像するのが困難であるのと同じほど、曲がった三次元空間を考えるのはむずかしい。そこでわれわれは、曲がった二次元空間（曲面）について十分な知識を得た上で、これをもっと高次の空間の曲がりに当てはめていこう。

これまでは球面だけを調べてきたが、曲面にはこのほかいろいろな種類のものがある。「曲がりかた」というのは、線分の長さとか、二直線のつくる角度などと同じように、空間のもっている一つの性質である。曲がりかたには、きびしく曲がっているものもあれば、ゆるやかに曲がるものもある。したがってそれは一つの量である。量であるから、これを数値で表現することが可能になる。少しも曲がっていない場合にはゼロ、はげしく曲がれば大きな値というふうに、曲がりという性質を数値をもって表わすことにする。

任意の曲線があるとき、たとえそれがどんな線であれ、そのうちの非常に短い部分に注目すると、それは円周の一部とみなすことができる。そしてこの円の半径を曲率半径という。一個の円

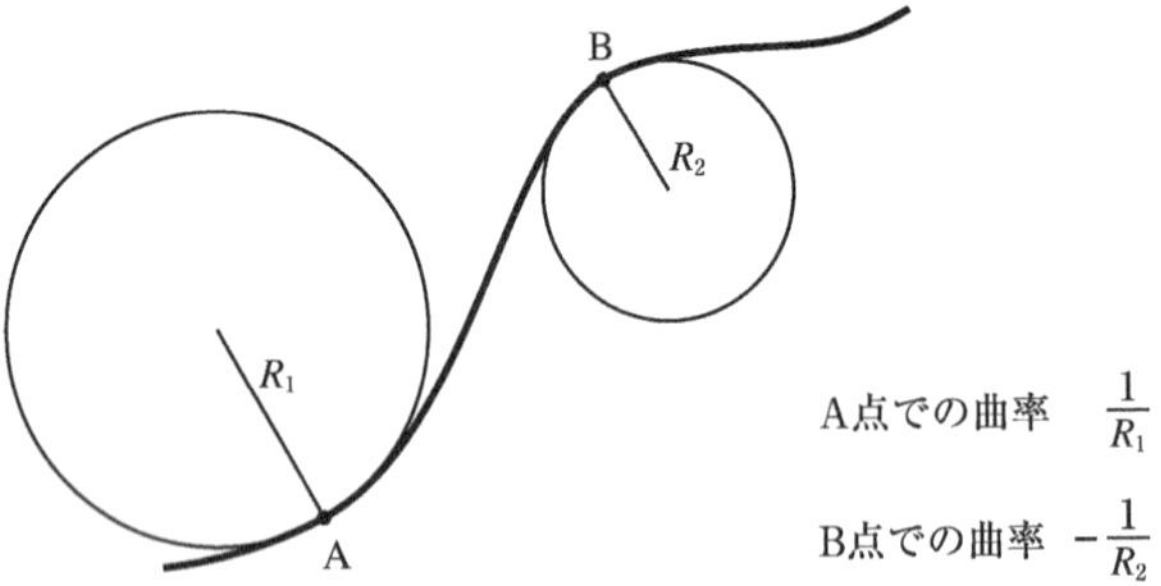

曲線の曲率

では、円周上のどの部分でも曲率半径は同じであるが、放物線となると中心の部分の曲率半径は短く、中心から離れるほど曲率半径は長い。広義に解釈すれば、「直線とは曲率半径無限大の曲線である」と言うこともできる。

この曲率半径の逆数（3の逆数は⅓、0.2の逆数は5というように、1をその数で割ったものを逆数と言う）を曲率という。ただし曲率には符号をつけ、たとえば下にでっぱっているときはプラス、上にでっぱっているときはマイナスなどとする。曲がり方がはげしいほど曲率は（マイナスなら、その符号を変えた値は）大きくなる。

■ガウスの発見

以上は曲線の曲率であるが、面の曲率とは何を言うか。たとえばまるい柱の側面などでは、水平方向にはよく曲がっているが、上下方向はまっすぐで曲がっていない。円錐の側面も、一方向（母線の方向）にはまっすぐだが、これと角度をもった方向には曲がっている。これに反し球面では、どちらを向いても同じように曲がっている。

したがって曲面上の一点を指定しても、その点においての面の曲がり方は方向によって違うことになる（どちらの方向にも同じ曲がり方をしているという特殊の場合が球である）。また一般に曲面の曲率は、点を指定するだけでなく、方向も示してやらなければきめることができない。

曲線上の一点に一本の接線を引くことができるように、曲面上の一点には、ふつうには一枚の接平面をつくることができる。接平面がつくられれば、接点を通って接平面に垂直な直線が一本だけ引かれる。この直線のことを曲面の法線と言う。

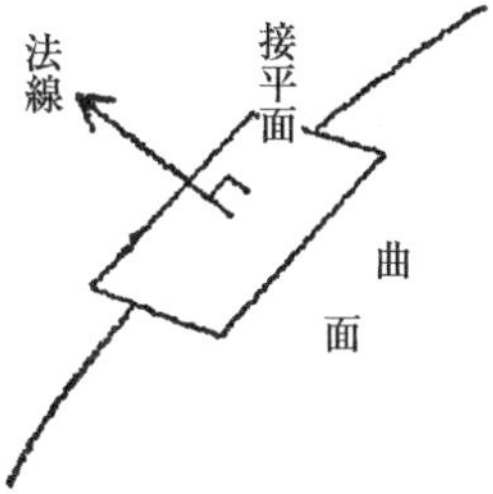

曲面の法線

法線が引けたら、さきほどの接平面はとり除き、今度は法線を自分のなかにすっぽりと含んでしまうような平面（つまりその平面上に引いた線の一本が法線となる）を考えてみる。この平面はさきほど設定した接平面とは垂直になっているはずである。

法線をすっぽり含んでしまう平面といっても、一枚だけではない。法線を軸としてこの平面をぐるぐるまわしてやれば、無数にたくさんあることがわかるだろう。これらの平面はみんな法線を含んでいることになる。このとき、この平面ともとの曲面との交わりは曲線になるが、平面をまわせば交わってできる曲線の形もいろいろにかわっていく。こうしてできる曲線の、接点における曲率のうち、最も大きなものをm、最も小さな曲率をnとする。そして曲面が表側にふくらんでいる場合を曲率がプラスであるとする（もっともどちらが表か区別できないことが多いが……要するに球や楕円体では曲率をプラスとするのがならわしになっている）。もしある方向の曲率がマイナスなら（つまりくぼんでいたら）、nには、マイナスで絶対値の最も大きなものを選ぶ。円柱では、mは底面の円と同じ曲率でありnはゼロ、球ではmもnも大円の曲率と同じになる。

またこのmとnを使って次のように、平均曲率Hを、

$$H=\frac{1}{2}(m+n)$$

と、全曲率Kを、

$$K=m\cdot n$$

と定義する。

このKは、実はガウスが考えだしたもので、ガウスの全曲率ともよばれている。ガウスは平面上の曲線の曲率を三次元のユークリッド空間に拡張したのであるが、その弟子リーマンはさらに

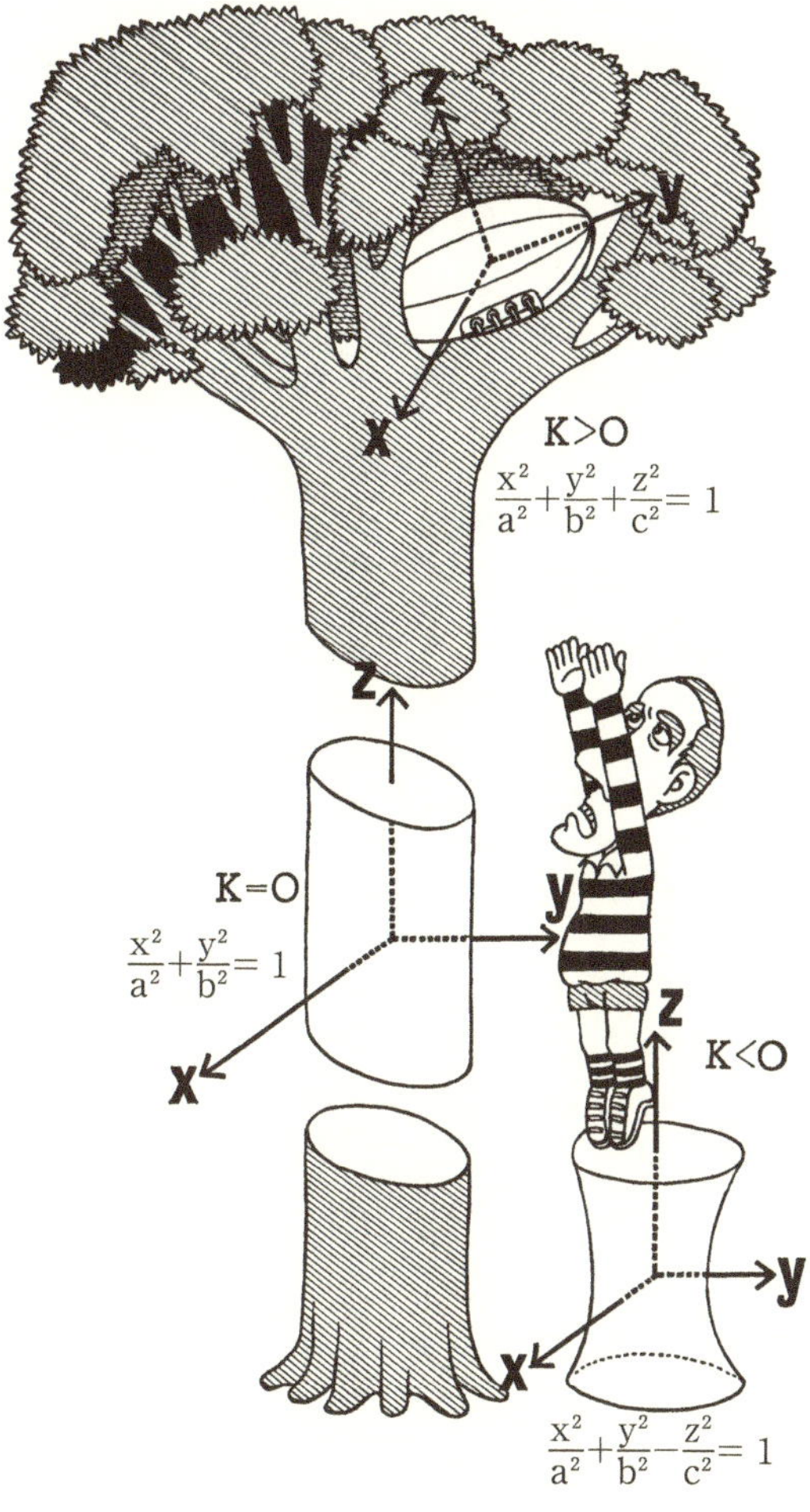

全曲率 K と曲面の形（上から楕円面，楕円柱側面，一葉双曲面）

それを多次元の空間に拡張することとなる。アインシュタインがリーマンの幾何学を使って新しい重力の理論を導きだしたのは、それからさらに半世紀以上ものちのことであった。

ところで全曲率Kと曲面の形にはどんな関係があるか。これを調べるにはKの符号に注目し、Kがプラスのとき、ゼロのとき、マイナスのときの三種類に分けて考えるのがふつうである。

たとえば前ページの図の楕円面を見ると、どの点をとってもふくらんでいるばかりであるから最大曲率mも、最小曲率nもともにプラスである。したがってラグビー・ボールのようなこの回転楕円面の全曲率Kはプラスである。

これに対して、Kがマイナスである代表例は一葉双曲面である。これはどこをとっても、縦方向ではへこんでいるし、横方向ではふくらんでいる。したがってmはプラス、nはマイナスであり、それらの積Kはマイナスとなる。

またKがゼロの例としては楕円柱の側面がある。

■馬の鞍の幾何学

球や楕円体などのように、どこを見ても外側にふくらんでいる表面の全曲率はプラスである。全曲率がマイナスになるのは、ある方向でふくらみ、他の方向でへこんでいるような場合だけである。さきには一葉双曲面の例をあげたが、マイナスの全曲率を説明するときには、模型として馬の鞍《くら》をもちだすことが多い。鞍の中央は、前後の方向で見ると谷の底（くわしく言えば極小点）になっており、左右の方向に見ると山の頂上（極大点）になっている。このような点を数学では「鞍部《あんぶ》点《てん》」と言うことがある。

鞍部点をときには「峠《とうげ》の点」とも言う。峠を越す道にそってはもっとも高くなっているが、尾根の線にそっていけば、峠の点はもっとも低くなっていることが多い。

さて、峠の点を中心として半径rの円を描いたら、その面積はπr^2より大きいだろうか、小さいだろうか。これは球面の場合にくらべるといささかわかりにくい。そのためまず全曲率がゼロである円柱の側面に円を描き、その面積を考えることにする。そうした方が曲率が負の面の性質を理解するうえでわかりやすい。

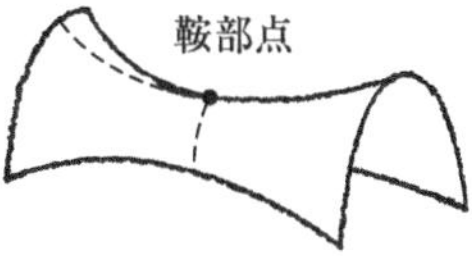

鞍部点

たいらな紙の上に円を描く。これをぐるぐるまるめて円筒形にする。すると平面上の円はそのまま円筒側面上の円になる。紙に伸び縮みはない。したがってこの場合は円周の長さも、円の面積も平面の場合とかわらない。

これから峠の点をつくるには、円筒の側面のまっすぐになっている部分（つまり円筒の軸に平行な方向）を無理にくぼむよ

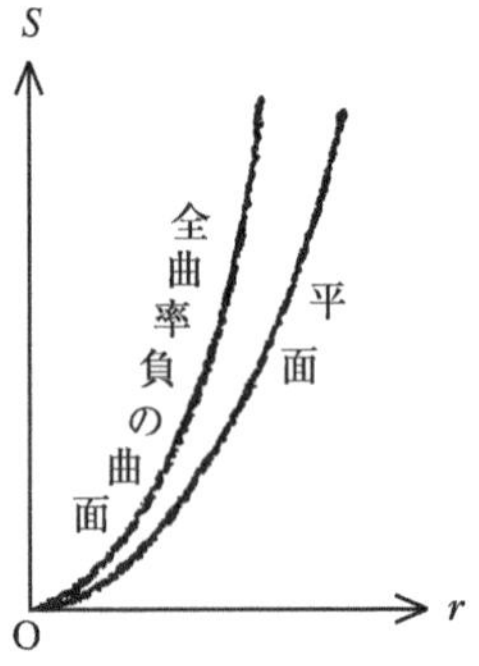

半径 r と面積 S の関係

うに曲げる。もちろん円筒がのびやすいゴムかなにかでできていなければこんなことはできない。とにかくこうして無理に曲げれば、その上の円周がのびて長くなってしまうことが納得できるだろう。

このときたくさんの同心円（同じ所に中心があり、半径の違う円）が間隔せまく描かれていれば、どの円周ものびてしまう。また円と円とのあいだの細いリング状の面積も当然大きくなる。だから峠の点を中心に描かれた半径 r の円の面積は πr^2 よりも大きくなる。

この面積 S を半径 r の関数として描けば、図のようになるであろう。とにかく全曲率が負の空間にあっては、円の面積は半径の二乗よりも、もっと急激に増大していくのである。

なお全曲率がマイナスになる曲面には、ドーナツの内側の部分とか、代官笠の下側の部分とかがある。ドーナツの外側や代官笠の上側ではプラスであり、プラスの部分とマイナスの部分との境界の線上では、曲面の全曲率はゼロである。

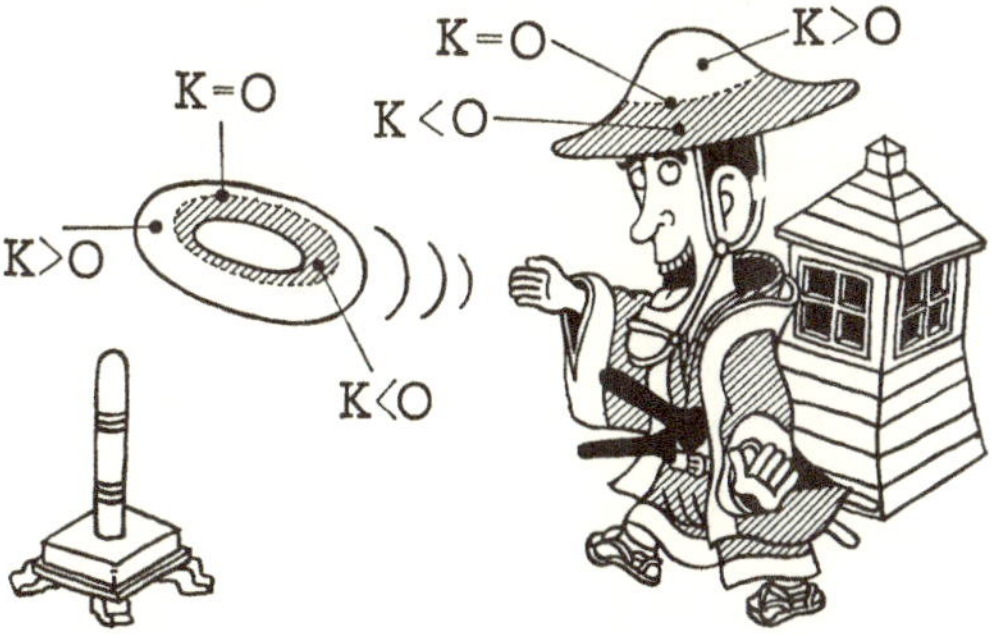

全曲率マイナスの例

■擬球

球面上ではどの点をとっても、全曲率はプラスの一定値になっている。それではどの部分でも全曲率がマイナスの一定値になっている曲面とはなにか。

しかし、現実にどんな曲面であるかということよりも、そのような曲面に引かれた線とか、描かれた図形はどんな性質をもつかという幾何学の方が先に発達した。この特殊な幾何学の発見者は、ロシアのロバチェフスキー（一七九三～一八五六年）と、ハンガリーのヨハン・ボリアイ（一八〇二～一八六〇年）である。

ロバチェフスキー幾何学は球面と逆の場合であるから、一点を通り、一つの直線に平行な直線は無数にたくさんあるはずである。またこの曲面上に三角形を描けば、内角の和は二直角よりも小さくなる。

一八六八年にイタリアのベルトラミーは、ロバチェフスキー幾何学の成立する曲面を考えだし、これを擬球面《ぎきゅうめん》

ロバチェフスキー幾何学

と名付けた。曲面の模型を図示すると百十一ページの図のようになる。直線（正確には測地線）ＡＢに対し、Ｐを通る直線が二本描かれているが、どちらもＡＢ（の延長）とは交わらない。つまり平行である。このようにＰを通ってＡＢに平行な直線は、このほかにもたくさんある。またこの曲面上に描いた三角形ＡＢＣを見れば、内角の和が二直角よりも小さくなることは納得できるであろう（百十二ページの図）。

これに対し、三角形の内角の和は二直角より大きいというような球面上の幾何学をつくりだしたのは、さきにも出てきたドイツのリーマン（一八二六〜一八六六年）である。彼は球面から出発して、曲がった曲面、曲がった空間の幾何学を創立していった。

平面上の幾何学はギリシア時代から研究され、よく知られているユークリッド幾何学である。さらに三次元空間においても、一点を通り、一つの直線に平行な直線は一本しか存在しないという設定から始まるのは三次元ユークリッド幾何学である。そうして、われわれの住む三次元空間はユークリッド的な空間、つまり曲がりのない空間であると長い間信じられてきた。

■第五公準の謎

数学という学問は、その根底に公理というものがあり、この公理を認めるとそれからさきどのように事象が発展していくかを研究する学問である。特に幾何学ではこのことがはっきりしている。ふつうには公理はそのこと自体が自明であり、これを他の事柄から証明する方法はない。

ユークリッド幾何学の公理は、正確に言うと五つの公理と五つの公準とからできている。

公理の一つをあげてみると、

「同じものに等しいものはたがいに等しい」

というのだが、ぼんやり聞いていると禅問答のような気がする。要するにBという図形がAという図形に等しく（A＝B）、Cという図形もまたAに等しいならば（A＝C）、BとCとは等しい（B＝C）という主張である。わかりきったことを言ってあまりひとをばかにするなと言いたくなるような話であるが、そこが数学である。「自明のこと」と、「一見自明のように見えるがそうではないこと」の区別をはっきりさせておかなければならないのである。そのためには、このような事柄を公理としてリスト・アップしておく

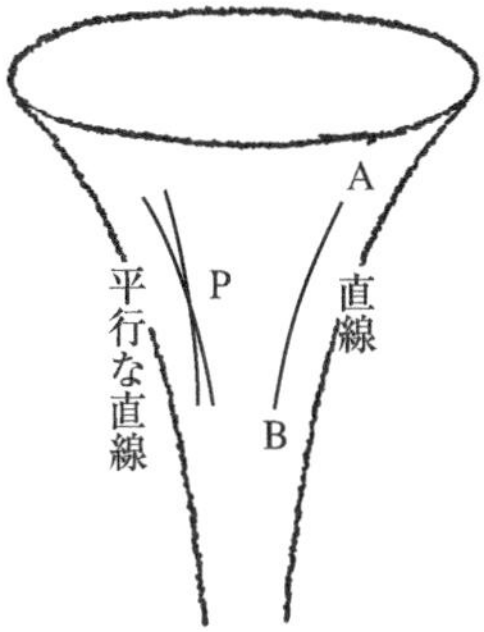

ベルトラミーの擬球面

必要がある。

五つの公準も同じように幾何学の基本的な事項について述べられている。最初の四つは自明のこととして受け入れられているが、公準の第五番目だけは問題になった。それは、

「二本の直線がこれらと異なる他の一本の直線と交わっていて、もしその同じ側にある内角の和が二直角よりも小さいならば、この二本の直線を内角の側に延長

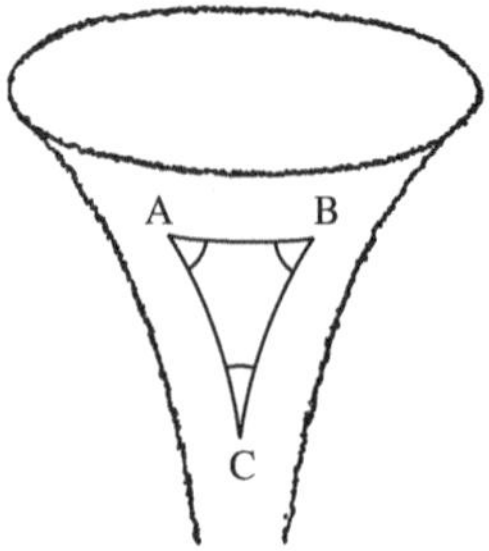

$\angle A + \angle B + \angle C < 2\angle R$

擬球面上の三角形

していけば必ずどこかで交わる」

というのである。

非常にややこしい説明であるが、簡単に言うと、

「もし二つの角度が違っていたら、直線は交わってしまう」

あるいは、

「もし直線同士が平行だったら、それらが他の直線と交わるときの角度は等しい」

ということである。これは公理、公準の他の項目とはまったく無関係の事柄である。もちろんこれを証明することはできない。それゆえ彼はこれを五番目の公準として、追加したのであろ

う。この項がなかったら「三角形の内角の和は二直角に等しい」という重要な定理はでてこない。

この平行についての項目は、後世の数学者たちによってさまざまに議論され、自明のことでもなければ、他の公理と同一視されるべきものでもないことが指摘されている。このような欠陥はあるが、それでも何とかこれを証明しようとして、幾世紀もの長い間、空しい努力が続けられてきた。

ユークリッドの主張それ自身は決して間違ってはいない。第五番目の公準を言い直せば、「一点を通り、一本の直線に平行な直線は確実に一本だけ引ける」ということになるが、この項目自体には何の矛盾もない。そうしてこのことがユークリッド幾何学の基幹になっているのである。

$\angle A + \angle B < 2\angle R$

ユークリッド幾何学の第五公準

■非ユークリッド幾何学

ユークリッドの提唱した五つの公理、五つの公準のうち、最後の項をやめてしまって、そのかわりに、「一点を通り、一本の直線に平行な直線はたくさん引ける」

とすれば、ユークリッド幾何学とは違った別の幾何学が成立する。これがロバチェフスキー幾何学である。この幾何学もそれ自身においては決して内部矛盾を含むものではない。これを模型的に研究したいときには擬球面を考えればいい。また、

「平行な直線は存在しない」

とすればリーマン幾何学になり、これまた内部矛盾のないもので、模型としては球面を考えればよい。

分類して書いてみれば、

●ユークリッド幾何学

●非ユークリッド幾何学｛ロバチェフスキー幾何学／リーマン幾何学｝

となるが、非ユークリッド幾何学のことを、広義にリーマン幾何学ということもある。

たとえば無限に長い直線ABがあり、AB以外のところに点Pがある。Pを通って無限に長い直線CDがあるが、CDはPを軸として、平面内を時計と反対向きに回転しているとする。このときのもようを、三種類の幾何学について書いてみると、

①ユークリッド幾何学

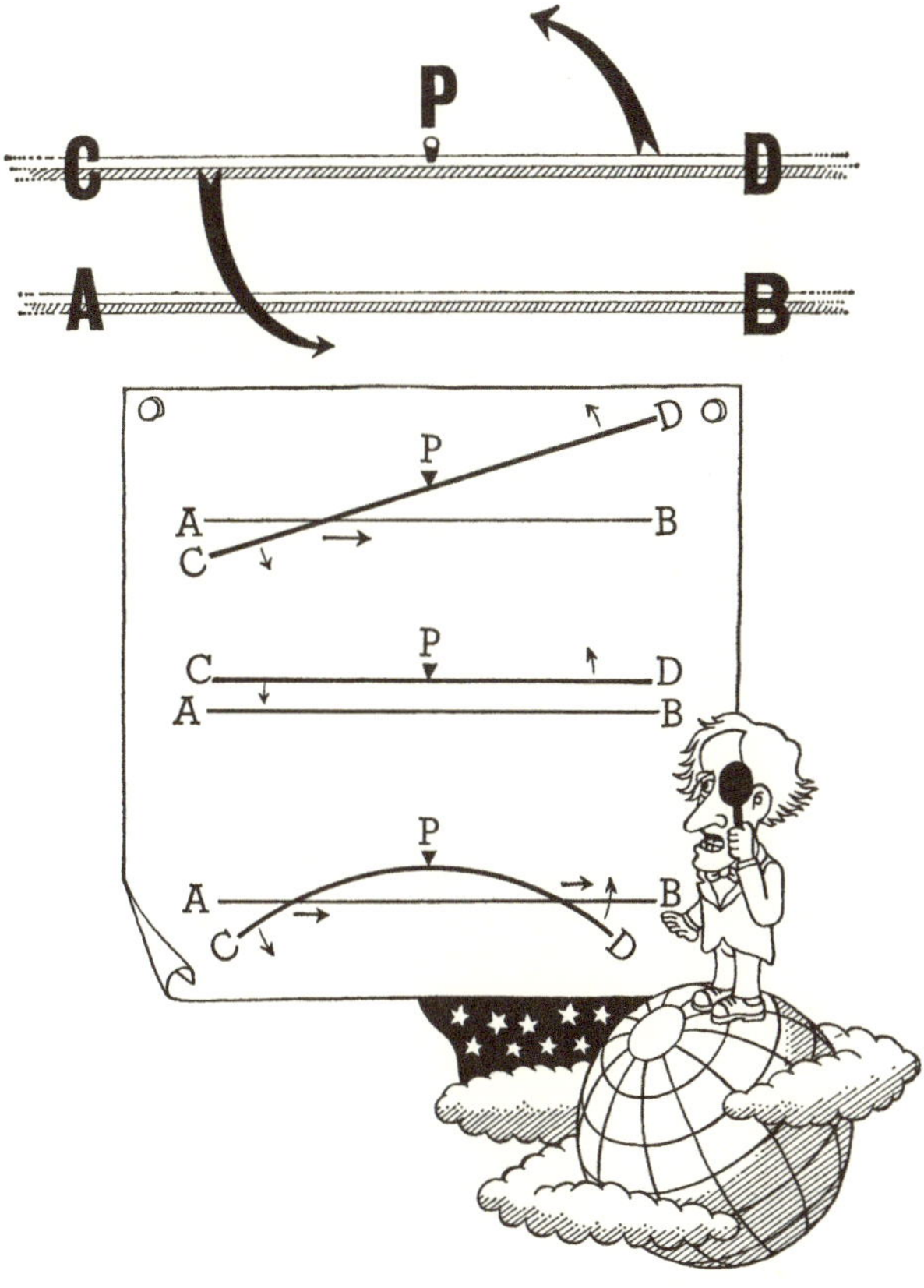

3種類の幾何学

二つの直線の交点は右に移動していくが、右側に交点がなくなった瞬間に交点は左側に現われる。

②ロバチェフスキー幾何学

右側に交点がなくなった後もしばらくCDはそのまま回転を続け、やがて左側に交点が現われてくる。

③リーマン幾何学

ある時間中、交点は右側にも左側にも存在する。

というように表現されるわけである。どれが正しく、どれが間違っていると論じてもはじまらない。「数学」という学問では、公理とはもっとも根本的な「仮定」だとも言える。ある公理を出発点として、そこからいろいろな法則が導きだされ、発展的な構造ができあがっていけば、それですべてよしとするのである。

このように考えていくと、二次元、三次元を問わず、空間とは何かという疑問にぶつかる。まっすぐでも空間、曲がっていてもそれはそれでまた空間である。特に三次元では、ユークリッドの言うように一点を通って一本の平行線だけを引くことができるところのものだけが空間である、などと言うことはできない。少なくとも幾何学的な立場からは、そうでないものをも空間と言っているのである。だから空間とは何かと聞かれたなら、

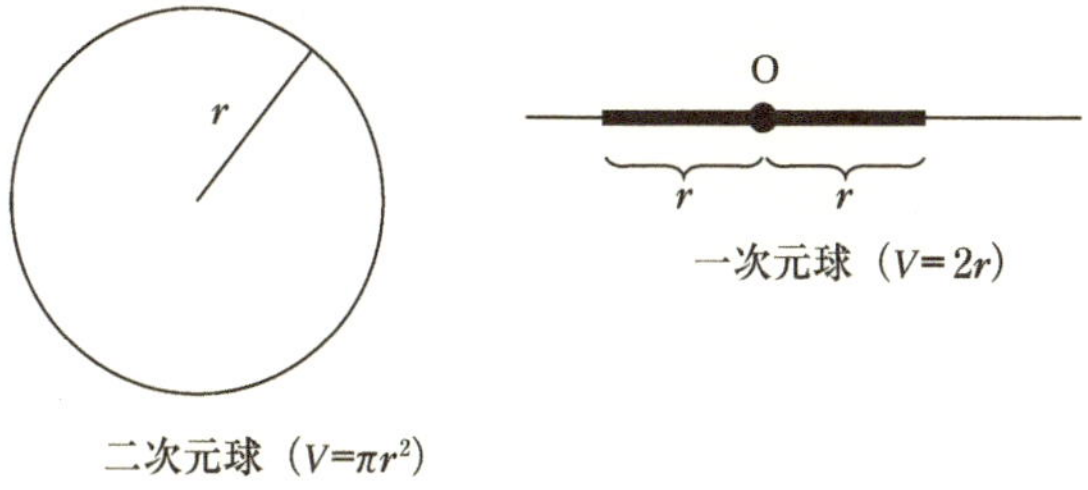

一次元球と二次元球

「幾何学的な実体としての、境目のない連続体である」と定義するのが当を得ているのではなかろうか。

■多次元球の体積

球の体積と表面積について考えてみよう。もちろん三次元の場合だけでなく、一次元、二次元、……一般のn次元について考えるのである。ただしどの場合でも半径をrとする。

●一次元

球の中心は直線上の一点であり、中心から右にr、左にr伸ばした長さ$2r$の線分が球の体積に相当する。表面積は線分の右端と左端の点のことであり、単なる点であるから空間的な量はもっていない。

●二次元

二次元の球とは実は円のことである。体積（実は面積）はπr^2、表面積（実は円周）は$2\pi r$である。

●三次元

これがふつうに言う球であり、よく知られているように、体積は$4\pi r^3/3$、表面積は$4\pi r^2$となる。

●四次元

四次元になると球（超球とでも言った方がいいかもしれないが、次元の数にかかわらず球とよぶことにする）の体積や表面積はどうなるか。

四次元球とはどんなものか、直感的には見当もつかない。たぶん縦、横、高さともう一つ第四番目の次元の方向にも丸くふくらんでいるものだろう。しかし数学という推理体系をたどることにより、その体積や表面積を正確に計算することは可能である。

四次元立方体の体積はL^4である。しかし体積の値がわかったからといって、超立方体の模型ができたわけではない。これと同じように、四次元以上の球の模型は想像できないが、積分という計算手段を使うことにより、体積や表面積は求められる。その結果だけを書けば、

四次元球の体積　$\frac{1}{2}\pi^2 r^4$　　その表面積　$2\pi^2 r^3$

五次元球の体積　$\frac{8}{15}\pi^2 r^5$　　その表面積　$\frac{8}{3}\pi^2 r^4$

というように、労をいとわなければどこまでも計算していくことができる。

第4章　ハップニング

■本当に知りたいこと

この書物の標題は「四次元の世界」である。したがって著者は、四次元の世界が現実のものかどうか、という基本的な問いからのがれることはできない。もし四次元の世界が存在するならそれはどんなもので、どこで見られるかも説明しなければならない。またそれは東京の真ん中でも見られるのか、探検隊を組織してヒマラヤにでも行かなければ見えないのか、あるいは月世界にあるのか、を明らかにしなければならないだろう。

これまでに超立方体や五胞体などについて述べてきた。空間が曲がっていたらどうなるか、まっすぐの空間とくらべてどんな具合に違っているかなどについて考えてきた。そして、これらもろもろの事柄については、一応話のカタはついたはずである。では読者諸賢はこれで満足されただろうか。

そんなことはあるまい。書物の読者は、先生の教えたことだけをおぼえて試験場に向かう生徒とは違う。おぼえるべく義務づけられているのではなく、自分で知りたいがためになにがしかの金銭を払ったはずである。したがって読者には、金銭を払った代償として、著者から十分納得のいくまで説明してもらう反対給付の権利がある。

筆者自身が、もしこの書物の読者であったら次のような質問をするだろう。

「なるほど、もし四次元空間というものがあったら、五胞体などというものが存在するだろう。また超立方体はここに書かれているような性質をもつだろう。空間がまっすぐならふつうの意味の平行線があり、もし曲がっていたら平行線がなかったり、逆に無数にあったりする。しかし考えてみれば、これらの話はどれもが、もし四次元空間があったらとか、もし空間が曲がっていたらという前提にたった議論である。ところがわれわれが本当に知りたいのはもしの部分である。仮定の理論やおとぎ話を聞いているほどひまではない。この現世が、われわれの住むこの空間が四次元かどうか、あるいは曲がっているのかいないのか、そこのところを説明してもらいたい」

読者の中にも同様な考えの方もおられることだろう。この疑問——あるいは不満——をもう少しつっ込んで考えてみることにしよう。

■幾何学と物理学の違い

これまでに述べてきたものは数学であり、数学以上に踏み出してはいない。したがって、もし超立方体というものがあるとしたなら、かくかくしかじかの性質をもつということで納得するかしないか——それはその人が数学だけで満足するかどうかということと同じである。

現世が三次元か四次元かは数学の知ったことではない。宇宙空間がユークリッド的であるか、あるいは非ユークリッド幾何学でなければだめであるかは、数学という学問自体のあずかり知らぬことなのである。数学はただ公理に忠実に、もしユークリッド的ならこんなふうに、もしリーマン的ならこんな結果になるということを間違いなく表現すればそれでよい。

これに対して物理学とか生物学とかの自然科学は、あくまでも自然界を対象とする。自然界は現実にどのようになっているか、それが自然科学の知るべき対象である。そのために数学を研究手段として利用するが、利用はあくまで利用である。

だから「四次元の世界」という標題に対し、読者がなにを期待するかは、読者が数学を求めているか、自然科学でなければ満足しないかによって違ってくる。

数学の中で、このように図形（もちろん二次元だけでなく多次元をも含めて）をとり扱う分野を幾何学という。また自然科学の中で、空間とか宇宙とかを相手にする部門は主として物理学である。

もしこれが幾何学の書物だったら、ここで話をうち切ってもよい。四次元あるいは非ユークリッド幾何学とはこんなものである、と結べば、著者は一応の義務をはたしたことになる。

しかし現世はどうか……との疑問をもたれる人があったら、その人は幾何学ではあきたらず物理学もやってみたいという希望者である。形式的記述よりも実際の現象により多くの興味をもつ現実派である。そして本書も、なるべく現実派の人々の意に沿うように、これから先は物理的記述を主体として話を進めていく予定である。

■実証なき真理は存在せず

物理学では数学と違って、観測や実験の結果得られた事実だけが真実である。この事実と違った理論は、たとえどんなにスマートなものでも捨て去らなければならない。

われわれの住む空間には、縦、横、高さの三つの次元があるが、第四番目の次元というのははたして存在するのだろうか。どうもありそうに思えない。ボール紙を適当に折って超立方体をつくれなどと言われれば、誰でも困ってしまうだろう。また、定規を正しく使って一点を通る平行線を引いてみると、それはユークリッドの言うように一本だけしか引けないようである。現世は実は三次元で、しかもユークリッド的であるのか。

しかし即断は禁物である。運動場に描いた三角形の内角の和は二直角だが、地球表面に大きく描けば二直角を越す。常識はずれの大きいものを考えたときには、思いも及ばなかった結果がでてくるかもしれない。日常の目安で自然界を律するのは危険であり、思慮深い人間のとる方法ではない。

大きなスケールでものを観測するとなると、まず考えられるのが星の位置である。観測点となる地球と、あと二つ遠い星を選び、そこに描かれる三角形の内角を測定する。あるいは三つの星を観測してもいい。そしてその和が二直角なら宇宙空間はユークリッド的であり、二直角より大

宇宙に三角形を描く

きければ正の曲率、小さければ負の曲率をもっていると判断する……。

これは理論的には達見であるが、残念ながら現実的でない。天文台の望遠鏡ぐらいでは、その差が読めないのである。銀河系を越え、アンドロメダ星雲をまたぎ、さらにそれより遠い星団まで含めても、まだまだ宇宙空間の小さな部分にすぎない。これぐらいの範囲では曲率は目立たないだろうし、測定にもやはり誤差をともなう。百万分の一秒までの角度をとらえるのは、現在の技術では難事業なのである。

とにかく、問題は宇宙空間の曲がりと、その次元数であるが、曲率の方はあとまわしにしよう。まず、この世は三次元であるか、それとも四次元と考えるべきかを、物理的な立場から調べていくことにする。

■事件

エッフェル塔はパリにある。東京駅は丸の内にある。太郎君の家は橋の東側に建っている。さらに、額が壁にかかっているし、リンゴは机の上に置かれている、などの文章はいずれもものの恒久的存在の位置を表現したものである。

ところが、犬が門のわきでねている、太郎君は橋の上に立ち止まっている、雀が三羽眼の前の電線に止まっている……というようなことになると、これは一時的な状態である（もっとも机の上のリンゴも、食いしん坊一家にとっては決して長時間の状態ではなかろうが……)。さらに郵便局のかどで自動車が正面衝突したとか、どこそこの原で人が殺された、などと聞くとすぐにとび出すのは、「いつ?」

というその時刻を問いただす質問である。

このように事件というものに対して、その内容以外にわれわれが最小限知りたいのは「どこ」と「いつ」である。新聞を見ても、この二つは必ず記載されている。

事件という言葉は常識的には少し大げさだが(だから事象とでも言った方がいいかもしれない)、これを広く解釈すると、犬がねているのも事件であり、額が壁にかかっていることも事件である。そして事件を記述するためには、どこという場所の指定と(空間は三次元だから、ふつうには三つの変数x、y、zが必要になる)、時刻の表現(これは一つの変数tで表わされる)が不可欠になる。東京駅や壁の額はtがかわっていってもx、y、zはかわらないが、動物や走っている乗り物ならx、y、zも変化する。場合によってこういう違いはあるが、いずれにしろ四つの変数で書かれなければならないものである。ものは動くことの方が本来の姿であり、止まっていることがむしろ偶然事である。数を考えると言ったときには、その数の中にゼロをも含むのが一般である。これと同じで、静止は運動の反対語ではなく、運動という概念の中に含まれている小部分になる。静止とは、運動の速度がたまたまゼロであるという一つの極限状態にすぎない。

ハップニング！

ハップニングという言葉をよく聞くが、これまで述べてきた「事件」とは、まさに現在使われているハップニングである。事態はまったく予期せざる場所、予測せざる時刻に生じると思わなければならない。そのためには（x、y、z）と（t）とを同等にとり扱い、記述の基礎になる指標とする。事件の記述には常に（x、y、z、t）という四変数を用意しておかなければならない。

■ハップニングでない事件

話をもう少し物理的に絞っていこう。物理学とは「事件」のうちのある種のものを記述する学問である。殺人事件や列車転覆《てんぷく》事件は社会問題であり、少女歌手が人気司会者の前で泣きだしたりするハップニングは芸能記事にまかせておけばよい。しかし自然界での現象は、たとえば温度、電磁界の強さ、波動、あるいは気圧とか風速など、「いつ」、「どこで」どのくらいの量であるかを言ってやらなければ正確には表わしえない。

温度について考えてみよう。気体中であれ、液体の中であれ、あるいは固体の中や表面であれ、そこには熱さ冷たさの程度というものが存在している。これを温度と名づけ、文字Tで表わすことにする。場所が違えば温度が違うのがふつうであるから、Tはまず（x、y、z）の関数である。

ところが同じ場所であっても、昨日と今日とでは温度が違い、極端な場合には一秒まえとあと

とで、やはり相違があるかもしれない。つまりTは時間tの関数でもある。この関係を数学的に表現すると、

$$T = T(x, y, z, t)$$

というようになる。左辺は温度としての数値であり、右辺はそれが四変数のなにがしかの式で記述されることを示している。このほか電界E、磁界H、物質の密度ρ（ロウ）、電流密度Iなども、すべて場所と時間の関数である。

物理量は、ふつうにはこのような四変数関数になるが、力学の場合は少し違う。たとえば質点の動きを追跡していくと、これは時間の経過とともに位置をかえてゆく。しかし時空間の一点を指定したとき、そこにあるのは温度とか密度とかの大きさをもった物理量ではない。あるのは、その点に質点が存在するかしないか、どちらか一方の事柄である。数学ならいざ知らず、物理学でもそのような超現実的なものが出てくるのか、と言われそうだが、抽象や仮定も物理学の方便の一つである。つまり実際には重さや体積という物理量をもったものを、かりに質点におきかえて考えをすすめる。

さきに見たように温度とか密度とかのふつうの物理量は、四変数を指定すると、ある値がきまる。そして厳密に言えば四変数のどれ一つ欠けてもその値はきまらない。これに対して、質点に

ついては、その位置が時間の関数としてきまるだけである。たとえばある時刻でのx座標の値、y座標の値、z座標の値が、

$$x=f(t),\quad y=g(t),\quad z=h(t)$$

としてきまるけれども、四変数（x、y、z、t）できまる関数の値などというものは、質点にはない。しいて言えば、プラス1（質点が存在する）と0（存在しない）の二種類だけである。

ところが、われわれはこのような力学的記述に馴れすぎている。たとえば物理学の最初に出てくる式は、たいてい$x=ut, y=vt-\frac{1}{2}gt^2$といったたぐいである。どうしても空間（つまり位置）と時間とを相対比した性質のように思いがちである。しかし力学的記述は物理学の中の特殊なケースであり、物理量とは、元来は四変数関数で表現されるべきものであると考えなければならない。力学も量子力学になって、電子とか光子とかの状態を言い表わすには、波動学と同じように、四変数、

$$\psi\text{（プサイ）}=\psi(x, y, z, t)$$

で書かれることになるのである。ただし時間が経過しても状態に変化がなければ（これを定常状態という）、関数形の中のtは落ちるが、もともとは（x、y、z）と（t）との間に、ママ子扱いがあってはならない。

ところで二変数の方程式は二次元空間にある曲線として表わすことができ、その変数にある値を与えれば、二次元空間（平面）内の一点がきまる。また逆に、平面内の曲線を代数を使った方程式になおすことも可能である。同じことは、三つの変数と三次元空間、四つの変数と四次元空間についても言える。このような代数学（くわしく言えば解析学）と幾何学を結びつけた考え方は、物理学においても大変有効である。

たとえば、四変数（x、y、z、t）に対して四次元の空間（時間を含めた四次元空間を時空間と言う）を考えると、時空間内の点は位置ばかりでなく、できごとを表わす。そしてわれわれはこの点をアフェアー（*affair*）とよぶ。このアフェアーは、物理学で（特に相対性理論で）事件と翻訳されることが多い。これまで事件という言葉をしきりに使ってきたが、自然科学ではハップニングでなく、時空間内の点を指定したときの、そこでの物理状態（もしくは物理量）という意味なのである。

なお、これに対して、三次元空間（x、y、z）内の点のことを、単に位置とよぶ。

■整数の謎

幾何学は空間の性質を究明する学問である。二次元、三次元、四次元、あるいはn次元というように次元数の違いこそあれ、空間はあくまで空間である。

ところでわれわれは現実の世界に直面したとき、新たに時間という要素を考えなければならなくなった。この時間は物理的な量である。

二つの三角形の大きさを比較するのは幾何学であるが、小さな三角形がだんだん大きくなって、何時間後に、たとえばはじめの大きさの二倍になるか、というのはもはや物理学である。長さと時間とを組み合わせた速度、加速度などはすべて物理量である。もちろん数学の応用問題として、これらの量をとり扱うことはままあるが、量そのものの本来の性質は物理学の対象となるべきものである。

時間は過去から未来に限りなく続いている一つの指標である。これとよく似た時刻とは、時間の中のある瞬間を言う。時刻を表現するには、たとえばキリストの生まれた年を原点にとる。そしてこれから問題の時刻までの時間的間隔を使って時刻を記述する。それには一九六九年五月七日午後二時十分というように長い言葉が必要になるが、単位の設定のしかたが年、月、日、などに分かれているためであり、実際にはただ一つの変数tで表わされている。この意味で、時間を空間と類似的に考えてみれば、時間そのものは一次元である。

空間が三次元であるのに、どうして時間は一次元か。これは困った問題である。確かに一というのは一つの整数にすぎないし、その次の二でも三でも整数であることにかわりはない。現に空間の方は三番目の整数の三次元になっている。

しかし世の中とはそういうものであるとしか言いようがない。このようなことを不可解とするならば、世の中に不可解なことはまだいくらもある。この世は一応時間と空間で形成されているが、そのほかになにかもう一つぐらい、永遠に続いているものがあってはいけないのか。過去から未来と言えば時間になるし、右から左と言えば空間のことになってしまうが、何かから何かまで（まことに苦しい表現である）続いている何ものかが、時間、空間以外にどすんと存在していてはまずいのか。まずいことはなかろうが、現実には存在しない。

簡単な整数についても疑問はある。たとえば電気量はプラスとマイナスの二種類ある。磁気量も二種類である。なぜ二種類なのか。正と負、つまり解析幾何学的に言うと右側の正と左側の負の二種類が当然と考えるかもしれないが、それでは同じクーロン型の力で作用し合う質量はなぜ一種類なのか。この世にプラスとマイナスの質量があって、異符号なら万有引力、同符号なら万有斥力というわけにはいかないのか。

人間あるいは動物は男と女、雄と雌の二種類ある。どうして三ではなく二であるのか。たかが一つ違いである。三でなければならない理由はないが、といって二でなければいけない必然性もなさそうである。

人間の性がA、B、Cの三種類だったら社会機構が複雑でどうしようもないと思うかもしれない。しかしこれは、われわれが二種類だけの性に馴れすぎているためではなかろうか。恋愛は三種類の人が同時に愛し合ってはじめて成立する。結婚式も三人で挙げる。そんな品《ひん》のない……とひんしゅくを買うかもしれないが、もしわれわれが単独生殖する動物であるとしたなら、二人で結婚式をあげるなどということは、まことに品のない想像であるということになろう。

考えてみれば自然界の整数は不思議なことが多いが、それはそれで認めてやらなければなるまい。なぜ時間は一次元かという疑問は、なぜ宇宙というものが存在するのかという質問と同程度に本質的なものであろう。もちろん筆者には答えられない。また自然科学という学問がこの問いに解答を与えられるものかどうかも筆者にはわからない。おそらくは不可能だろうと思うのだが……。

■時間はなぜ一次元か

SF小説では、しきりに四次元の世界がでてくる。あるいはタイムマシンのように、時間軸の方向に（過去あるいは未来の向きに）突っ走る機械が登場する。これらは空想とはいえ、人間の頭でまずまず空想できる事柄である。

ところがSF小説でも、二次元の時間について書かれたものはまだ見たことがない。それだけ想像することがむずかしいわけである。二次元の時間とは、時刻を指定するときにt_1とt_2との二つの変数が必要であるような時間である。時間に広がりがあるわけである。

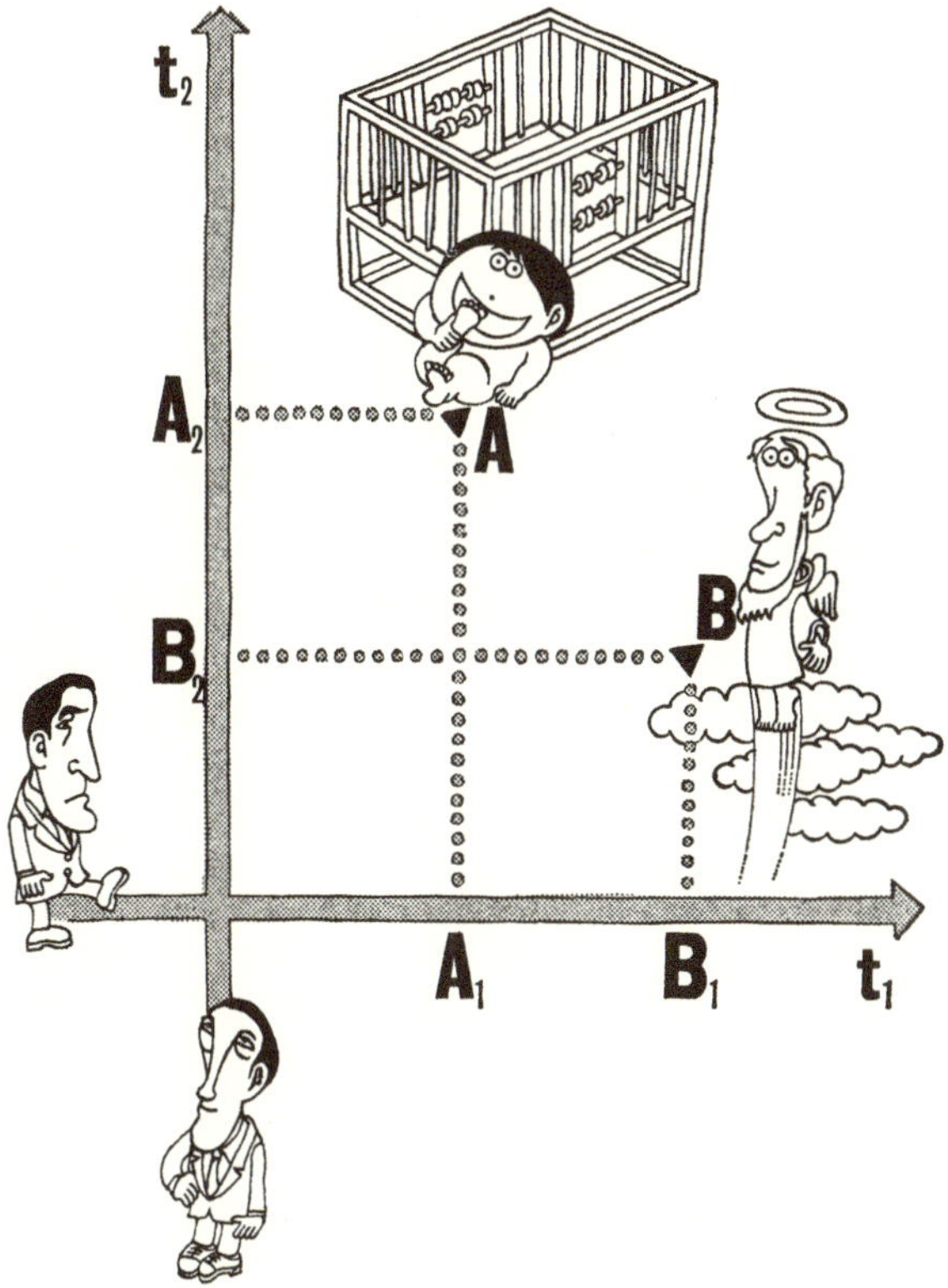

二次元の時間

グラフを描いてみたところでどうにもわからない。ふつうの人はt_1軸に沿って右に走るとする。この人は平面上にあるAとかBとかの真の時刻の射影を経験していくであろう。まずA_1に出会い次にB_1に遭遇する。ところがこれとは独立な軸t_2方向に向かう人は、先にB_2を経験し、その後にA_2に会う。それでは平面内をななめに進む場合は？　AやBをもっと間近に経験して、世を渡っていくことになるのだろうか。

このようなグラフは比喩に使うことはあっても、決して現実的なものではない。たとえばAが誕生、Bが死であるとすれば、t_2の時間から見れば死んだ人間が生き返り、老人からだんだん若くなっていくが、このようなことは因果的にも許されることではない。のちに述べる相対性理論においても、逆向きの時間経過というのは（少なくともマクロな意味では）存在しないのである。

このように時間の多次元性が想像しにくいのは、空間の場合と違って、各人が歩調を合わせて一つの方向に進んでいるという特殊性によるためだと考えられる。

■空間と時間の相違

ここまでくると、「時間とは過去から未来にかけて果てしなく続いている一つの次元であるから、これを第四番目の次元とする。そしてわれわれの住む現世は四次元である」と言いたいところであるが、そう簡単にはいかない。そのような結論をくだすためには、精密な測定と深い思考が必要である。三人兄弟によく似た子がいたからといって、家に連れて帰ればすぐに四番目の弟になるというものではない。血統とか生まれた環境とかを詳細に調べ、実は落胤《おとしだね》であったと証明されて、はじめて兄弟のなかま入りができるのである。

空間でのx、y、zの三方向はまったく同等の資格をもつ。左右と上下とでは大分違うような気がするが、これはたまたま地球の表面という特殊な場所にいるせいである。地球の中心方向に向かって重力が働いているという偶然事によるにすぎない。宇宙空間において、北極星の方位が過去の方向で、オリオン座の方が未来の向きで……などと優劣をつける理由はまったくない。

ところが空間のそのような性質とくらべると、時間はまるで違う。理論上、われわれは空間のどの場所にも行き得るはずであり、東京にいる人は、自分の意志で大阪へでも札幌へでも行くことが可能である。金と暇さえあれば……などと、俗っぽいことは言わないことにしよう。われわれは四次元の世界を考えているところだから本を読んでいる間だけでも超俗的になろう。

ハワイでもパリでもいい。それどころか、月に行くことも可能になったし、さらに技術さえ発達すれば火星へも、金星へも、あるいは地球をくりぬいてその中へでも行くことができる。生物の寿命を度外視すれば、はるかかなたの恒星に到達することも可能である。

ところが時間の方はそうはいかない。過ぎし日は絶対にかえってこない。いくら過去を慕ってもどうにもなるものではない。逆に一足とびに未来に走ろうとしても絶対不可能である。せいぜいタイムマシンなどという機械を空想して、なぐさめるぐらいが関の山である。技術がいくら進歩しても、時間軸にそって自由に走れるような列車が発明されるとは思えない。

このことだけでも、空間と時間とは根本的に違っている。人間の意志で支配できる空間と、全然意のごとくにならない時間とでは、まったく相容れない異質のものだと思われる。

それればかりではない。空間に対しては、それぞれの人が異なった場所を占有している。地球と太陽と南十字星では、占有する空間が大分離れている。ところが時間の方は各人が常に同一時刻にある。私の現在は貴方の現在であるし、私の昨日は貴方にとっても昨日である。時間に関するかぎり貧富の別なくまったく公平であり、金持ちが時間を大きく買い占めた結果、貧乏人は時間的四畳半で窮屈な思いをしている……などということはない。

また人間には背が高く太った人（つまり空間を大きく占有している人）もいれば、小さな人もいるが、いくら巨人とはいえ、時間軸上では、常に現在という一点しか所有できない。

こんなふうに考えてくると、空間と時間が似ているなどとはとても言えないし、時間というものを第四番目の次元にするなどという考え方は、まったくのこじつけのような気がする。それにもかかわらずアインシュタインは、時間と空間の同等性を主張したのである。

■時間と空間

話は本題からいささか逸脱するが、日常的な事柄で時間と空間との対比を考えてみるのもおもしろい。たとえば社会情勢、社会機構やその状態を、主として時間軸に沿って眺めていくのが歴史学であり、空間軸に沿って調べるのが地理学であると言われる。

村の長老などは、空間軸に対しては視野は狭いが、時間軸に対しては、非常に豊富な知識をもっている。逆に世界各国をとび歩いている若者は、時間に対してよりも空間に対して非常に広い見解をもっている。

受験に失敗した、あるいは恋に破れた若者に対して、

「もっと広い視野をもて」

とはげますことがある。広い視野とは空間に対して広く、つまり自分以外にも悩んでいる人間が多いことを認め、自分の苦痛をもっと客観視せよとの意味もあるが、同時に時間軸に対して、より高い見地から眺めよという意味も含んでいるようである。あまり目先のことにとらわれず（つまり時間軸に対して近視眼的にならず）、未来まで含めた長いスケールを展望するとき、現在の自分は長い生涯の、ほんのわずかの一時期にいるに過ぎないことを認識せよとの忠告でもある。この意味で、空間軸に対しての展望は他人との比較ということになるが、時間軸に対しての視野の拡大は、自分自身の心がまえにつながる。

魚をとるのに、トロール船などで網を動かしていく方法がある。これは空間移動により魚を捕

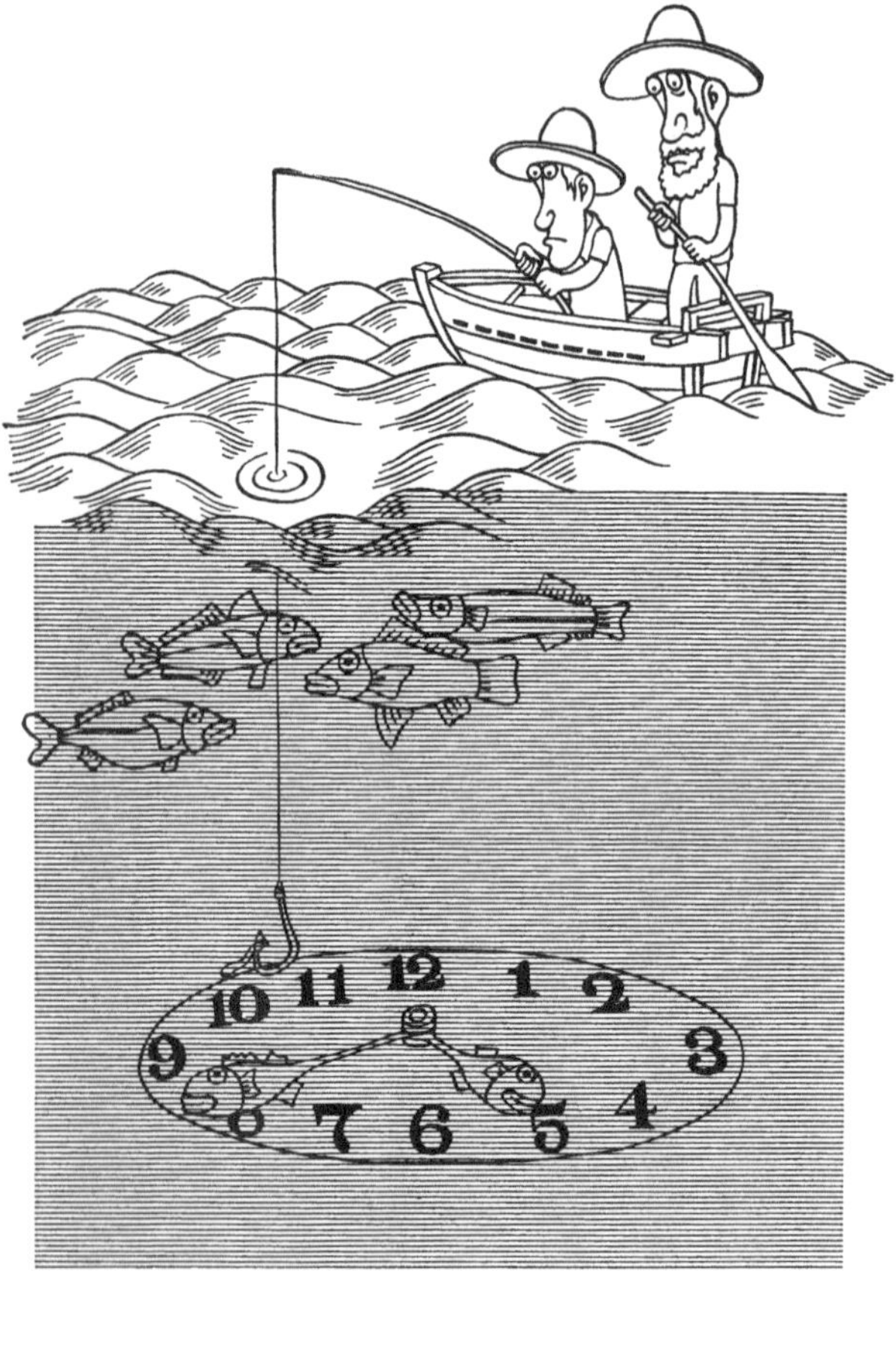

時間軸の方向に働きかけて魚をとる

獲するケースである。これに対し蛸壺を用意しておくとか、じっと釣り糸をたれて待つなどの場合は、むしろ時間軸の方向に捕獲の意志を働かせて、魚をとるのだと言えないこともない。

商人は安い地方で物品を仕入れ、高い土地で売りさばく。つまり商品を空間的に移動させて利潤をあげるわけである。ところが商品を時間軸の方向に移動させて、もうけようとする場合もある。たとえば東京蠣殻《かきがら》町にある商品取引所などがこの機関である。

またかつての日本のタクシーでは空間の移動に対してのみ料金が払われた。ところがイギリスなどでは以前から、空間移動と時間経過の両方に対して料金が課せられたそうである。だからイギリスのタクシーの運転手は、交通渋滞でのろのろ運転になっても、決していらいらしなかったという……。

■不変量

時間を含めた四次元空間——実在する自然を対象とする物理学で、このような認識の仕方をするというところまではわかってきた。しかし実際は、次元という霧の向こうになにやら形のあるものが見えかけた、というところである。われわれはまだ四次元空間の入り口あたりをうろついているにすぎない。

円筒がある。ところがわれわれがこれを見るとき、見かたによっては円にも見えるし、長方形にも見える。しかし円や長方形が真の姿ではない。本当は円筒である。
それでは円筒を円筒であるとはっきり認めるためにはどうすればいいか。正面から、側面から、上からというようにさまざまな角度からこれを眺めればよい。このことは第1章でも述べた。

形のある図形あるいは立体は複雑になるから、細い棒について考えてみよう。いま空間に一本の棒があるとする。これはよほどうまい方向から見ないと、われわれには本当の棒の長さがわからない。勝手方向から見れば、棒は本当の長さよりも短く眼にうつるはずである。極端な場合は（棒が非常に細いとすると）点になってしまう。

では、もともと一メートルの棒の長さを正しく一メートルと認めるためには、われわれはどうすればいいか？　棒のまわりをぐるぐるまわり、あるいは高い場所から、あるいはしゃがんでこれを眺め、あらゆる方向のうちで最も長く見えるところを探しだしてみればよい。しかしそのような場所は簡単にわかるものではない。

棒の長さを正確に理解するための最も堅実な方法は、これを正面、側面、上側の三方向から眺めることである。正面とか上側とか言っても必ずしも水平方向、鉛直方向でなくてもいい。直交する三方向から見ればいいのである。直交する三方向の組（セット）はいくらでもあるが、そのうちの一組を測定の基盤にすればよろしい。

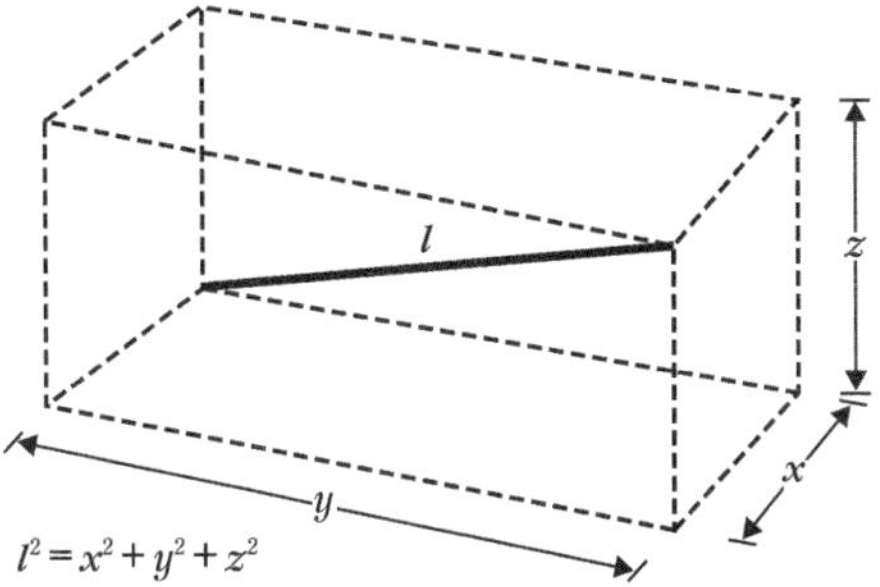

三次元空間内での棒の長さ

かりに正面から見た棒の長さを x としよう（x は棒の本当の長さよりも、多分短いだろう）。側面から見た長さを y、上から測った長さを z とする。このとき棒の本当の長さ l と、おのおのの立場から見た長さ x、y、z との間には三次元のピタゴラスの定理が成立し、

$$l^2 = x^2 + y^2 + z^2$$

となる。l そのものをズバリ求めたいなら、

$$l = \sqrt{x^2 + y^2 + z^2}$$

とすればいい。この方法によれば、観測する三方向が互いに直交していさえすればいいのである。

見る目の位置をかえてやると（直交しているという条件はそのまま保たれているとする）、x や y や z の値はそれぞれ変化する。ところが二乗して加えた総和はかわらない。これは当然であり、見る人の態度で棒の本当の長さ

がかわってはたまらない。

このような場合にlを不変量と言う。そうして三つの成分（x、y、zを長さlの成分という）の二乗の和が不変量になるとき、lという長さの存在する空間が三次元なのである。その証拠に、平面の中にある線分については、常に、

$$l^2=x^2+y^2$$

の関係が成立する。

われわれはこれまでに、次元というものの定義をいろいろな方法で考えてきた。ここでのように、

「n個の成分の二乗の和が、測定の方向のいかんにかかわらず（ただし直交していなくてはいけないが）不変量になるならば、その空間はn次元である」

というのも、空間の次元をきめる目安の一つになる。

時間と空間についての話の途中で、このような数学的な定義がなぜ入ってこなければならないのか、といぶかるむきもあるかもしれない。しかし、時間軸をも含めた四次元空間を理解するための突破口はこのあたりにあるのである。ここで述べたことは特殊相対論への伏線であり、予備知識として、ぜひ覚えておいてもらいたい事柄である。

第5章　光とはなにか

■見えるから信ずる

目の前に本がある。灰皿がある。

テーブルの上には花瓶があり、中には美しいバラがいけてある。

外へ出れば自動車が走っている。犬がトコトコ歩いている。電柱がある。ビルが建っている。

遠い山は緑の樹々におおわれていて、山頂には鉄塔がそびえている。夜になればネオンが輝く。

月が照る。星がまたたく。

　われわれのまわりにはさまざまな物体（もちろん植物、動物をも含めて）が存在する。われわれはその存在をどのようにして知るのか。見ることによって、そこになになにがある、ということを認めるのである。

　しかしわれわれは必ずしも視覚にばかりたよってはいない。目をつむっていても手でさわればリンゴとバナナの区別がつく（触覚）し、サイレンを聞けば消防車か救急車が疾走していることを知る（聴覚）。ビンのふたをあけただけで、中の液体が香水であることがわかる（臭覚）。砂糖か塩かの区別は、なめてみるのが一番よい（味覚）。

　われわれは外界を認識するのにこのような五通りの感覚を利用しているが、中でも最も基本になるのは視覚である。見えるからこそ、ものの存在を認めるのである。ふつうの人にとっては、視覚以外の感覚はすべて補助手段であると言っていい。

ものが存在するから見えるのだ、ということは疑うことのできない事実である——と人は昔から信じてきた。そしてあれば見える、つまり存在と同時に認識できるものと思ってきた。見る自分と、見られる対象物の間に、空間的なへだたりはあるが、時間的な差があろうとは思わなかった。この意味で人間は長い間、空間と時間をまったく異質の指標のように考えてきたのである。

■光に速さがあるのか

自然科学が発達し、自然界を客観視するようになって、人間は光の存在を認めた。太陽が照っているときには地上に影がうつる。また壁の穴からあかりが入ってきて、暗いこちら側に円形の明るい模様をうつす。こんなことから、光に対する一応の知識は古くよりあった。しかし、ものを見るために必要な光と、壁を明るく照らす明るさの原因とが、どれほど正確に同一視されていたかとなると、いささか疑わしい。

光というものは、ものを明るくする物理的な原因でもあるが、同時にまた、ものの存在をわれわれに訴える媒体でもある。われわれは眼でものを見るが、ものは多かれ少なかれ眼から離れている。したがって見るということは、ある距離を通って、ものの状態に関する情報が伝達もしくは通信されることである。通信とは離れた空間に情報を走らせることであるが、同時に時間についても、離れた時刻というものが問題にならないのか。つまり発信という事件と、受信という事件の間に、時刻の差はないのか。これは当然疑ってかからなければならない問題である。

光を情報の媒介物として認めると、この問題は光の速度が有限か、無限かの問題におきかえられる。もし光が無限に速いなら、どんな遠い所のものでもそこにそのまま人間に感知されるわけであるが、速さが有限なら、そう簡単にはいかない。

しかし自然科学は実証を重んじる学問である。単に頭の中でだけ考えて、光速度はこうあるべきだと主張しても始まらない。

光速度が有限であることを発見したのはデンマークの天文学者、オラフ・レーマーである。彼は木星の衛星が一定の周期で親星（木星）の影をうつす食を観測していた。今からほぼ三百年前のことである。ところが彼は食から食までの周期が季節によって違うことを認めた。地球は一年に一回、太陽のまわりをまわる。木星も太陽のまわりをまわっているが、地球よりもずっと外側をゆっくりまわっている。だから地球と木星との距離は、一年のうちに一回ずつ、最も離れているときと最も近いときとがある。したがって、地球の公転軌道の直径を光が通過する時間だけ、衛星の食の周期がずれて観測されると考えてよい。レーマーはこの観測から、光速度として

$c = 2.77 \times 10^{10}$ cm/s の値を得た。

これよりほぼ半世紀のちの一七二八年に、イギリスのジェームス・ブラッドレーが地球の公転速度を利用して光速度の測定に成功している。まっすぐに降る雨の中を、傘をさして急ぎ足に歩

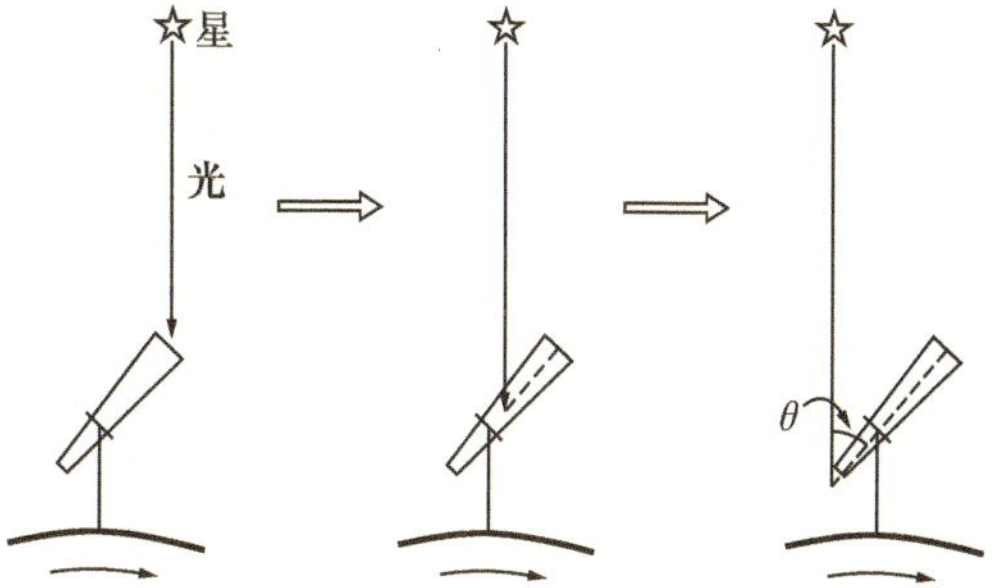

ブラッドレーの光速測定

くときは傘を前にかたむけなければならないという、いわゆる「雨がさの理論」によるものである。

いま雨を光（つまり有限の速度をもっているとする）、人の歩くのを地球の公転と考える。すると公転方向に垂直な恒星を覗く望遠鏡のかたむきは、春と秋とでわずかに違うはずである。事実ブラッドレーは、実験誤差以上の角度の違いを認めて、光の速さと角度の関係から光速度を求めたのである。

■空を見上げずに測れる光速

よく知られているように、光は一秒間に地球を七まわり半もする。

こんなに速いものを測るには、宇宙空間を走る光、つまり天文学的な方法を利用するほかに手だてはないような気がする。

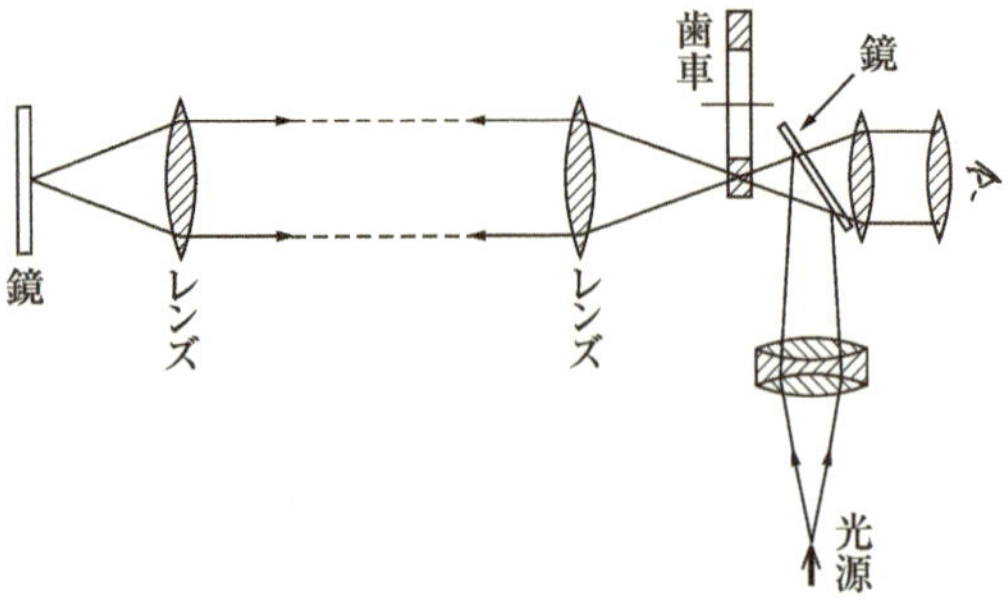

歯車の回転を利用したフィゾーの実験

ところがブラッドレーの観測から百年以上たった一八四九年に、フィゾーは地球の上だけで光の速さを測ることに成功した。いわゆる歯車の方法を考えたのである。

速度というものは、

$$(速度)=\frac{(進行距離)}{(要した時間)}$$

であるが、右辺の分母を非常に小さくすれば、右辺の分子の進行距離を必ずしも天文学的大きさにしなくてもすむはずである。要は、どのようにして非常に小さな時間を機械によって測るかにある。

パリ生まれのアイデアマン、フィゾーは歯車の回転を利用した。歯と歯の間を通り抜けた光が八・六三三キロ先の鏡に当たり、それが反射して再び歯車にまで還ってきたとき、歯車がわずかばかりまわってちょうど次の歯と歯の間を通り抜けるように、歯車の速度を調節した。

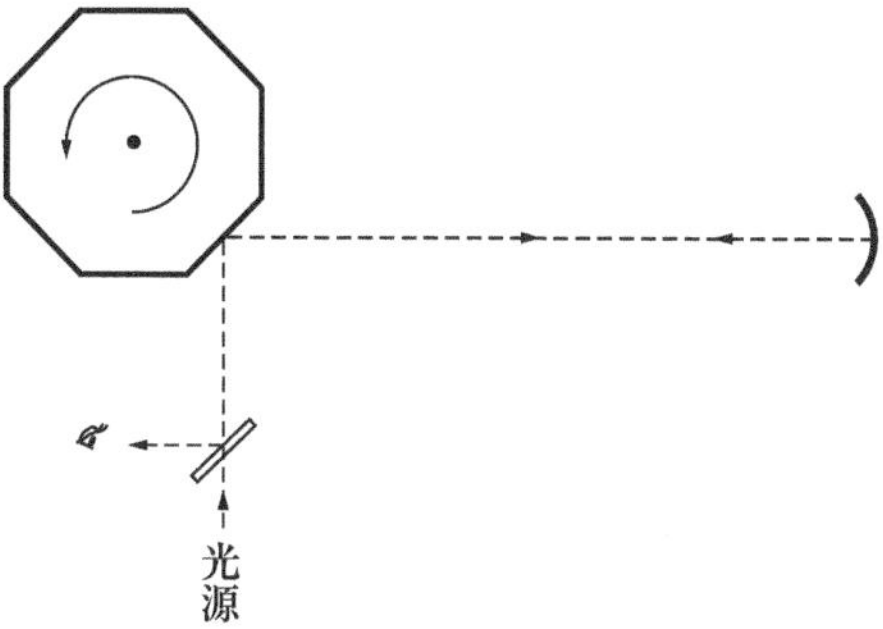

マイケルソンの実験

歯車の歯の数は七百二十、ちょうど右の条件にかなった回転の速さは毎秒十二・六一回であった。これくらいの回転スピードは、当時の機械技術でも必ずしもむずかしいことではなかったようである。

フィゾーの実験結果から計算すると、実際の光速度よりも数パーセント大きな値になってしまうが、そのアイデアは抜群と言える。

さらにこの装置にはいろいろ改良が加えられ、一八六二年には、フィゾーの僚友でもあったフーコーが歯車のかわりに回転鏡を使って光速度を測定した。

回転鏡を利用する試みは、その後も何度か行なわれたが、この種の実験で最も正確だとされているのは、マイケルソンの実験である。彼は一九二六年、正八角柱の回転鏡を利用してこの実験を行なった。この装置はカリフォルニアのウィルソン山につくられ、反射鏡は谷を越えてほぼ三十五キロ先のサンアントニオ山頂にとりつけられた。八角柱が四十五度回転する間に光が二つの山の間を往復すれば、光源にそのまま光がかえってくる。この実験によって、光速度の精度は著しく改善された。

その後に続く実験は機械的な方法でなく、複屈折を利用して光速度が測定されている。光は進行方向と直角の二つの方向に振動しているが、電気石のような偏光板を通すと、一方向の振動はストップしてしまい、一方にだけ偏光した光が通過する。したがって二枚の偏光板を直角に重ねておけば、光は完全にさえぎられてしまう。ところが二硫化炭素のような物質は、電界をかけたときだけ複屈折をする性質を帯びる。この現象をケル効果(あるいはカー効果とも言う)とよんでいるが、このような物質で光のシャッターをつくってやる。電界をすばやく変化させてやれば光はシャッターのところで通過したりさえぎられたりする。これを利用すれば歯車や回転鏡を使うよりもずっと精度もいいし、点滅もすばやい。ベルグシュトラントらはこの方法で測定し、結局今日知られている光速度の正確な値をきめた。それは真空中で、

$$c=2.997925\times10^{10}\text{cm/s}$$

とされている。空気の中を走る光はこれよりもわずかに遅い。

■宇宙で一番速い信号

真空中の光速度は、世の中に存在するものの中での最も速い速度である。これ以上のスピード

というものを、われわれはまだ知らない。

光は電磁波の一種である。電磁波の中には眼に見える光のほかに、波長の長いものから順に言うと、長波、中波、短波、超短波（以上はふつうには電波とよばれており、通信などに使う）、マイクロウエーブ、熱線、赤外線、可視光線（いわゆる光）、紫外線、X線、ガンマ線などがある。これら電磁波の伝播速度は、いずれも光と同じである。

月から来る光は一秒と少しで地球に到達してしまうが、太陽から地球へはほぼ八分かかる。われわれの見る太陽とは実は八分まえの姿である。地球に比較的近い金星や火星は、公転運動のため地球との距離が長くなったり短くなったりしているが、光の到達に数分から十数分、あるいはもう少しの時間が必要である。太陽系の中の最も遠い冥王星までは五時間以上かかる。太陽系外の最も近い星のプロキシマ・ケンタウルスまでは約四年、銀河系の中心（いわゆる天の川のある付近）までが数万年、銀河系外のたとえばアンドロメダ星雲までは、およそ二百万年と言われている。

宇宙空間の長さを表わすには、光が一年間に通過する距離を単位にすることが多い。これを一光年とよぶ。ときには三・二五九八光年を一パーセックと言うこともある。

これらの単位を使えば、アンドロメダ星雲までの距離は二百万光年であり、また六十一万パーセックほどになる。宇宙には莫大な数の星が存在しているが、アメリカのパロマー天文台などにある世界最大級の望遠鏡では数十億光年離れた天体が観測できるという。

このように距離を表わすのに光速度を利用するのは、光が単に速度の基本量であるばかりでなく、あらゆる可能な情報伝達方法の中で、最も速いものだからである。では本当に光よりも速く、ものを知らせる方法はないのか？

かりに地球から二時間で光がとどく星があったとしよう。地球とこの星との間に長い固体の棒をおいたとしてみる。現実にそのようなことが可能かどうかはいまは問わない。とにかくおいてみるのである。

この星で競馬が開催されており、場外馬券の売り場が地球にもある。地球人も馬券を買う。配当金の払い戻しもすべて地球上で行なわれる。

さて各馬一せいにスタートした。そうして接戦の末ウチュウボルガードが一着になったとする。そこで配当金が計算され支払われる。地球人は競馬の経過を、精密な望遠鏡か（望遠鏡で、星の上に展開された競馬などとても観測することは不可能だが、これはあくまで技術的な問題にすぎない）、あるいはナマの実況放送、もしくは宇宙テレビによって知る。

光あるいは電波が、競馬場から地球に到達するまでには二時間かかる。そこである人が星の上の生物としめし合わせて、さきに述べた棒を星と地球の間に渡しておく。競馬のゴールインが終わったら、星の生物は直ちに棒をつついて、モールス式の信号を送る。

ホ　ン　メ　イ　ハ　ラ　ク　バ　イ　ツ　チ　ヤ　ク　ハ
ウ　チ　ユ　ウ　ボ　ル　ガ　ー　ド

のように知らせてやればいい。はじめから連勝式をねらっているなら、

1 ·−−−−　6 −····（あるいは略式で・−　1 6）

というように枠番だけを通信してやれば簡単である。とにかく、そのときには地球上の場外馬券売り場はまだ窓口があいている。単勝式ならウチュウボルガードを、連勝式なら早速①—⑥を買う。やがて二時間後にはタンマリと払い戻し金が入り、まさにボロもうけができる。単に理論上の問題だとしても、こんなことが本当に可能だろうか。

■時間にも厚みがあること

繰り返すが、最も速い信号が光の速さであり、電波の速度である。これ以上速いものは絶対にない。棒を押して他端の人間に合図するのも信号の一種である。そして固体による通信も決して光速を超えることはない。

固体の棒とは、原子が密集して規則正しく並んだものである。この一端を押すということは、固体の端にある原子を内側に押しやることである。原子の押しは、将棋倒し式に棒の中を伝わっていく。長い貨車を連結した機関車が動き始めるとき、最初の貨車をゴトンと引くと、貨車と貨

車の連結器の部分が、ゴト、ゴト、ゴト、……と音をたてながらうしろに伝わっていく。あれと同じように、引きでも押しでも力が固体の中を伝わるのはかなりの時間が必要である。この速さは実際に光速度よりもずっと遅い。

三メートルや四メートルのものほしざおなら、こちらを押せば瞬間的にむこう側が動く。だからといって、どんな長いものでもその通りになるというわけではない。ここにも日常経験を過信することの危険性がある。

星と地球との間に、長いものほしざおを渡してやったとしても、われわれは競馬でもうけることはできないのである。モールス信号が地球にとどく頃には地球人はみんなテレビで勝敗を知っている。もちろん馬券売り場はとっくに締め切りになっており、もう配当金が払われている頃だろう。これではなんにもならない。

あるいは星と地球との間に大きな西洋バサミを置いたとする。刃の先端が地球に、指をかける部分が星にある。二枚の刃を支えるねじはずっと星に近い所にあるようにハサミをつくっておく。

いま星の生物がハサミに指をかけている。そしてチョキンとそれを閉じるとしよう。上下二枚の刃の交点はスーッと先端まで走ってゆく。またこのハサミの長さは二十二億キロもある。

競馬の結果がわかって、星の生物がハサミを閉じるのに、かりに一秒かかったとしよう。ふつうわれわれのハサミでは、根元が閉じると同時に刃先も閉じる。したがって宇宙バサミの刃先

ハサミによる宇宙通信

も、一秒後に閉じると考えたい。すると、刃と刃の交点は一秒間に二十二億キロを走るということになる。光はせいぜい三十万キロしか走らないから、刃先の交点は、いなずまよりも光よりもずっと速く走るではないか。

しかし、この話には落とし穴がある。いかに金属工学の粋をつくしたとしても、完全な剛体はつくれない。つまり多少はふにゃっと曲がるのである。ましてや二十二億キロの長さをもつハサミのことだ。遠くから見ていると縄をふらすようにしなうことであろう。それに力が物体の中を伝わってゆく速さは決して無限に速いわけではない。

結局、この星と地球の間でどのような努力をしても、地球上の人間には二時間まえの情報しか入らない。ひそかに馬券を買ってもうけようとした皮算用は、このようにしてすべて徒労に終わるのである。画のように、地球から星へハサミの通信をする場合も同じである。

お互いの現在の状態を知り得ないということは、空間をへだてた二人の宿命である。

多くの星が、あらかじめ合わされたカレンダーをもっていたとしよう。地球ではただいま一九六九年とする。ところが一光年先の星を望遠鏡で眺めれば、そこのカレンダーは一九六八年になっている。十光年先の星なら一九五九年である。彼等は決してカレンダーをめくることをおこたっているわけではない。彼等がかかげているカレンダーは正しい。地球上の人間が感知する事件は、空間的にも時間的にも、地球上のそれとは異なっている。

空間に奥ゆき（つまり近いか遠いかの違い）があるのと同じように、われわれは時間にも奥ゆきのあることを認めなければならない。われわれが視覚によって把握している自然界は、現在という時間軸上のうすっぺらな断面ではなく、過去にまでえぐられた厚みのあるものなのである。

■波としての光

光速度より速い通信はないと言った。ところが野球のボールを例にとって、次のように考えてみたらどうか。

あるピッチャーの剛速球は毎秒四十メートルだという。ところが試合に勝つためには、もっと速い球でバッティングの練習をしたい。機械を使わずにこれ以上のスピード・ボールを放るにはどうしたらいいか。

ピッチャーを自動車かなにかに乗せ、それをホームベースに向かって走らせながら投球すればいい。かりに車の速さが毎秒三十メートルなら、ボールは打者に対して毎秒七十メートルの速さになる。

これと同じように、星から地球に光を送る場合、発光体をロケットに乗せて地球の方向に向けて非常なスピードでとばしたらどうか。こうしたからくりを使ったら、われわれはさきに述べた星の競馬の勝敗を他人よりも早く察知できるのではないか。

しかしこれは駄目である。この話は力学の法則にのっとっているが、光は力学でなしに波動の法則に従う。光を回折格子にあてるとうしろに縞模様ができる。二つの穴から同時にとび込んだ光は、背後の壁に明暗の筋をつくる。これらのことは光が波であると考えないと説明がつかないのである。

では波をおこす媒質の中を、波をつくる発源体が動くとするとどうなるか。これは音波を例にとって考えるとわかりやすい。

風はなく、したがって大気は地面に対して静止しているとする。音の速度は毎秒ほぼ三百四十メートルである。このとき発音体が止まっていれば、波は発音体から四方八方へこの速度で進む。しかし発音体が動いていても、音は同じく地面に対して毎秒三百四十メートルで進む。走っている発音体の前方へは速く、後方へは遅く進むということはない。前方で聞くときはドップラー効果で高く聞こえ（周波数が高くなる）、後方では低く響くという違いはあるが、音波の速さには関係ない。音波はあくまで地面に対して、正確に言えば媒質としての空気に対して、毎秒三百四十メートルで走るのである。物体の運動と波動の進行との違いがここでも歴然としている。

かりに一マッハ（音速と同じ毎秒三百四十メートルほどの速度）の戦闘機が音をたてて飛んでいるとき、その前方百メートルほどの位置を同じ一マッハで同じ方向に逃げていく戦闘機があるとする。前の戦闘機には後方の戦闘機の音が聞こえない。もちろんジェット機の音はやかましいから、自分のだす音で他のジェット機の音などとても聞こえないが、そのような問題は度外視しても、後方のジェット機の音が前方の機にまで到達し得ないことは納得できるであろう。

この場合相対的に考えれば、二つのジェット機は互いに静止している。だから力学的に考えればうしろの機から放った物体は前の機に到達する。後方の戦闘機が前方のそれを機銃で撃墜することは可能である。それにもかかわらず、音波は前方のジェット機には達しない。

ふつうの力学では、投げる物体とそれを受ける物体の相対速度だけが問題になるが、波動学では媒質がどんな動きをしているかが重要である。発音体と観測体との距離が一定でも、媒質がこれらに対して静止しているか、動いているかで結果はまるで違ってくる。

光による通信は速さに限界があると言ったが、かりに「光という波」の媒質となるものが、星から地球に向かってわっと流れてくるようなことにでもなれば、いままで考えていたよりももっと速い通信が可能になる……。

■波とはなにか

光は波であると言ったが、ここで波というものの性質を考えてみることにしよう。波には速度がある。たとえば海の波なら、海水のもり上がっている部分がある方向にどんどん進んでいく——その速さが波の速度だ。しかしこの場合、海水が波といっしょに動いていってしまうわけではない。海水は単に上下運動しているにすぎない（正確には、海水は楕円運動している）。このことは海の中に木片や下駄を放り込んでみればよくわかる。木片は海水とともに上下にゆれているだけであり、決して波といっしょに進んでいかない。海岸に近いところで波乗りをして遊ぶサーフィンは波の斜面を利用した特別の場合である。磯に近い海水は、寄せては返し寄せては返ししているが、大海の真ん中では、あれほどはげしく海水が横に動いているわけではない。

物体の運動はボールにしろ砲丸にしろ、そのもの自体が動いていく。しかし波動とは、たとえば海水が動くのではなく、海水がもり上がっているということがらが移動するのである。海水という実質の移動ではなく、それが高いという現象の動きである。

音は空気の疎密《そみつ》波《は》である。かりに密の部分が眼に見えるとすると、その密の部分が秒速三百四十メートルほどで走っていく。決して空気分子（正確に言えば窒素や酸素の分子）がまっすぐに走っていってしまうわけではない。空気分子はある瞬間に密に集まるが、密になりすぎたというので互いに反発し、次の瞬間にはその部分がかえって疎になってしまう。これを繰り返すのである（実際には、発音体が静止すれば、この運動はすぐに減衰してしまうが……）。とにかく音波とは空気の移動ではなく、密集しているという現象の進行である。

波動をある瞬間にとらえてみれば、波長（波の山と山――谷と谷でもいい――との距離）が決定される。一ヵ所に注目して時間の経過にしたがって観測すれば、周期あるいは振動数がわかる。つまりどんな波でも、速度、波長、周期などの性質をもっている。

さらに波動が生じるためには媒質が必要である。海の波なら海水、音なら空気、地震波なら地殻を構成している土砂岩石などが媒質である。媒質のない真空中では音がでない。なお媒質は必ず微小振動するが、その振動の方向が波の進行方向と同じならこれを縦波、垂直なら横波と言う。進行方向に垂直な方向は一般には二つあるから(空間は三次元だから)、横波には二つの成分があるのがふつうである。ただし海の波は横波だが、鉛直方向にしか振動しない。

■エーテル

波とは以上のような性質を具備したものである。あるいは逆に以上のような性質をあわせもつものがあったらこれを波とよんでいい。そして光は後者の例である。回折格子を通すことにより波長が求められる。たとえば質量数86のクリプトンからでる輝線スペクトル群の波長は(単位オングストローム)、

^{86}Kr (6458. 0720, 6422. 8006, 5651. 1286, 4503. 6162)

というように、驚くべき精度で測定されている。光速度はすでにわかっているから、これから周期や振動数を計算するのは容易である。

これだけの測定資料がそろっているからには、光とは波であると結論せざるを得ない。さらに

複屈折、偏光などの現象から、振動の方向は二つの成分をもつことがわかっており、当然横波である。また干渉縞の濃淡から、波形は単純なサイン・カーブであることも推論される。音の波形のような複雑性はない。

ということまでははっきりしたが、これから先がまったくわからないのである。誰も光波をじかに見たものはない。うしろの壁に干渉縞が現われたからといって、ある時刻に、そこは山と山とが重なったのか、谷と谷とが強めあったのかを判別する手段がない。

このように従来の波とはいささかおもむきを異にするが、とにかく波であるからには媒質が存在するに違いないというので、多くの人達が媒質を見つけることに没頭した。しかし速度とか波長とかの波動の属性ははっきりしているが、何がゆれ動いているのか皆目わからない。わからないままにしておくのは物理学者の面目にかかわるというので、苦しまぎれに考えだされたものがエーテルである。

化学では二つのアルキル基（鎖状の炭化水素）を酸素で結んだものをエーテルと言うが、ここでのエーテルはまったく別ものである。

太陽から地球に光が届くからには、真空の宇宙はエーテルで満たされていなければならない。縦波はなく二つの成分をもつ横波だけであるから、非圧縮性で（縮むような物質では縦波ができてしまう）、形状弾性（横ゆれだけを許す性質）をもった固体のようなものでなければならぬ。

光学の研究で名高いフレネルや電磁波の開拓者ヘルツによれば、物質の中では真空よりもエーテルの密度が高く、物質が動くときには真空との差額のエーテルをいつもひきずっていかなければならないとの結論に達している。とにかくこんなものを考えだしたばかりに、科学者たちはまことに奇妙な性質をこれに与えなければならない結果に陥ってしまった。

海水には、海流とか潮流とかの動きがあるから、海の水が絶対静止だというわけにはいかない。止まっているのは陸の方である。

ところが宇宙では、天体は陸や島には相当せず、船のように考えなければならない。なぜなら天体などはちょっとしたはずみで動いてしまうものである。そこで宇宙における絶対静止のものとしてもちだされたのが、エーテルである。

エーテルに対して止まっているものこそ絶対的な意味の静止であり、これに対して動いているものを動いている天体とよべばいいわけである。

■絶対動かぬ宇宙の海は？

子供の頃汽車に乗っていて、すれ違う列車の速いのに驚いたことをおぼえている。自分の乗っている汽車だけがどうしてこんなにのろいのか、と不満に思ったものだ。もちろんこれは相対速度のせいであり、相手の列車から見ればこちらの汽車も速いはずである。お互いに相手の立場だけをうらやましく思っている。なにか教訓の材料にでもなりそうな話である。

かりに宇宙にただ二つの星しか存在しなかったとしてみよう。そしていまこの二つが近づきつつあるとする。このとき星Aが星Bに近づくのか、それともBがAの方に走っているのか。ちょっと考えると禅問答のような話になる。

このとき、Aが静止でBが動いているとか、両方とも同じ速度で近寄ってくるとか、なにかそこに決めてがあるはずだと考えるのは絶対論者である。たとえば列車であれば地面を基準にものを考えればよい。

これに対して、両方の距離がだんだん縮まってくることは確かだが、それ以上はなにも言えないとするのが相対論者である。測定技術が幼稚だから判定できないのではなく、どちらが動いてどちらが止まっているなどという表現はまったく無意味であるとするのである。

絶対論者と相対論者ではどちらが正しいのか？　ここでさきほどのエーテルが登場してくる。二隻の船が近づくとき、どちらの方が動いているか（あるいは両方ともに動いているか）は海を見ていればわかる。だからエーテルを見つければ星の絶対的な運動が把握できるわけであり、絶対論者の勝ちになる。問題は、そのエーテルを見つけだすことができるかどうかということである。

見つけるといっても眼で直接に見なくてもいい。間接的な方法でも、地球は確かにエーテルの中を走っているとか、ある方向（たとえば地軸と直角の方向）には走っているが、他の方向（たとえば地軸の方向）には止まっているということがわかればいい。

このことを知るには、それほどむずかしい理屈はいらない。空中をとぶ二機のジェット機の話と同じである。二機が百メートルの距離をとって前後して一直線をとぶ場合と、二機が横に百メートルの間隔をとって並んで同方向にとぶ場合を考えてみよう。一機から発した音が他の一機に当たってはね返ってくるとする。このとき音の往復には、どちらの方が所要時間が長いか？

もちろんジェット機が音速より速くとんだら、どちらの場合でも音の往復はありえないから、ジェット機は音より遅いとしよう。計算してみると前後を往復する方が時間が長いことがわかる。つまり静止した二点の間を波が往復するとき、波の媒質となるものが、二点を結ぶ直線と同じ方向に動いているときの方が、これと直角の方向に走っているときよりも、所要時間は長いのである。

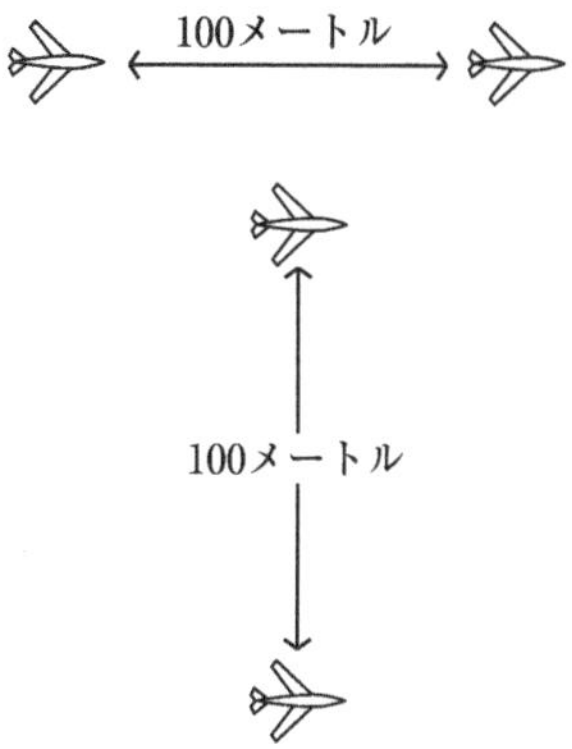

2機のジェット機

■マイケルソン・モーリーの実験

いよいよエーテルの存在を確かめようという段階にきた。間接的にせよその存在が認められれば絶対論者の勝ちであり、宇宙には確固不変の基盤が認め

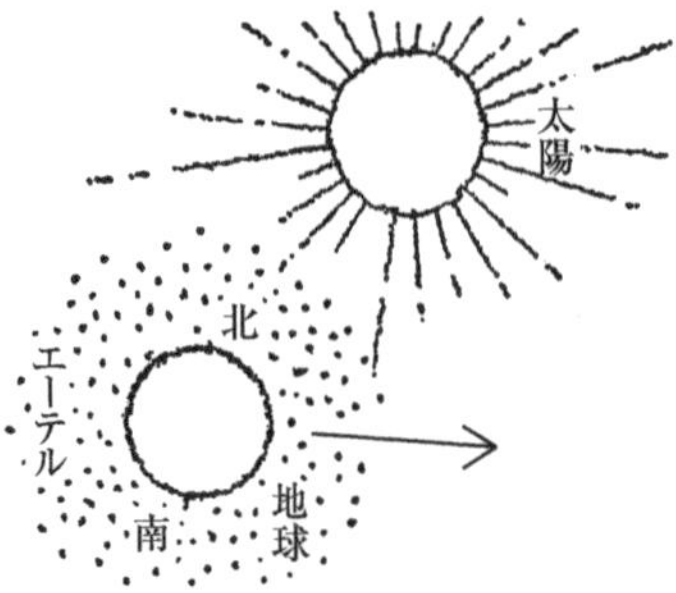

エーテルの海を行く地球

られたことになる。これに反してエーテルを探しだせなかったら、絶対論者は非常に苦しい立場に追い込まれる。

さてエーテルは宇宙空間に静止しており、地球はその中を公転している。だから地球は東西の方向に、エーテルの中をぐんぐん走っているわけである。逆に地球の立場から考えてみれば、エーテルという光の媒質が東西の方向に走っていることになる。

このような考察は、はじめから慎重にやらなければならない。まず地球がエーテルに対して東西の方向に動いているということは本当か？　エーテルが地球にくっついて走っているというおそれはないのか？　たとえば春には地球とくっついて走っているとするならば、秋には地球公転速度の二倍の速さで離れていかなければならない。もし春にも秋にもくっついて走るなら、エーテルという媒質は、一年の間に地球とともにぐるりと一回転しなければならなくなる。

エーテルの速度（この場合速さの向きだけ考えればよい）が地球とともに一回転すると考えると、観測結果と矛盾してくる。というのは、ブラッドレーが星の方向を測定した際、春と秋とで望遠鏡を逆にわずかに傾けなければならなかったのは、エーテルが地球と行動をともにしなかったからである。

地球は公転のほかに東西の方向に自転している。自転速度は赤道上で一・三六マッハ、高緯度の場所ではもっと小さい。ところが公転速度は九十マッハ強であり（ほぼ秒速三十キロメートル）自転速度よりもはるかに大きい。東西方向の速度は、公転速度と自転速度との和になったり差になったりするが、とにかくかなりのスピードで走っていることは確かである。

このような思考の基礎にたって、アメリカの物理学者マイケルソンとモーリーは一八八七年に、自然科学史に特筆すべき実験を行なった。東西の方向と南北の方向に同じ長さの空間をつくり、この間を光を往復させるのである。そうして所要時間の差を読みとろうというのである。もちろんストップ・ウォッチなどで時間を測るわけではない。一つの光を東西と南北とに分け、往復後再び合わせて両方を干渉させるのである。干渉縞の動きから所要時間の差は正確に読みとれるようになっている。またこの実験装置で、もし東西と南北との距離が少しでもくるっていたら、たちまちおかしな結果になってしまう。そのため、ちょうどバレー、サッカー、バスケットの試合などで一セットごとに両方の陣が入れかわって公平を保つのと同じように、この実験でも九十度まわして東西と南北とを入れかえ、不公平の起こらないようにして、それ相応の補正をした。とにかくマイケルソン・モーリーの実験は、技術的に十分信頼してよい。

はたして実験の結果はどうであったか？　東西と南北とで所要時間の差は認められなかった。光の速さ、地球の公転の速さ、実験装置の精度から考えて、当然読みとれるはずであった所要時間の差がでてこなかった。

つまり東西にも南北にも、光は同じ速さで走ったのである。

■絶対論者のあがき

繰り返すが、光速度の差が認められないということは絶対論者にとってはなはだ具合がわるい。エーテルというものが存在しないのと同じ結果になってしまったのだ。

もともと人間の心の底には、なにか「絶対」を求めるような要素がありはしないだろうか。中途半端でなしに絶対的に信頼できるものを追い求めているようなところがないだろうか。そうしてその結果、ゆきつくところが宗教であったりするのではなかろうか。

これに反して「相対」という概念はなんとなく安定性のない宙ぶらりんな気持ちがする。どこか釈然としない歯切れのわるい感じである。だからであろう、われわれはすなおに「相対」を認めたがらない。

マイケルソン・モーリーの実験のあとにも、絶対論者は最後の反撃を試みた。その旗がしらはオランダ生まれの物理学者ローレンツである。

彼はこの歴史的な実験のあと、次のように反論した。

「マイケルソン・モーリーの実験は正しい。だからといって、地球の表面で光が東西と南北とで同じ速度で走るとは言えまい。マイケルソンとモーリーは東西と南北で、同じ距離を光が走ると確信した。最初南北に置いた装置を次には九十度回転させて東西方向に設置した。だからこの二つは同じ長さだ……という彼らの考えはあまりに常識的すぎはしないか。なにしろエーテルという一筋縄ではいかない怪物を相手にしているのである。

エーテルとは非圧縮性の固体のようなものらしい。だから東西に置かれたものは、この固体にはげしく衝突しながら進んでいるのである。したがって東西に置かれたものはわずかながらも縮んでしまうのだ。南北に置けば再びのびる。

光は東西を往復する方が、同じ距離ならやはり所要時間が長くかかるのである。ところが反射鏡までの距離が縮んでしまっているから、所要時間の増し分をちょうど相殺し、結局東西と南北で時間差がでてこないのである」

まことに巧妙な反論である。数値的にも正しいし、主張自体に決して内部矛盾はない。それではわれわれは彼の言いぶんをそのまま認め、やはり宇宙に厳然として存在しているというエーテルを常に考えていなければならないものだろうか。

■自然科学の立場

話がこのようにこじれてくると、いま一度「自然科学とは何ぞや」の問題にたちかえって考え直してみなければなるまい。

自然科学は、実際に測定された事実だけを問題にする。東西に走る光が実際に遅くなることがズバリとわかればそれでよい。あるいはものを東西に向けて置いたときに縮むのが認められれば十分である。ところがローレンツの言い分はものが縮むのと同時に、それを測ろうとするものさしも縮んでしまうというのだ。それでは最初に正確な正方形を描き、次にその正方形を水平面にねかしてみたらどうだろう。地球の公転速度ぐらいでは東西方向の縮みは(ローレンツの言うように縮むと仮定しての話であるが)非常にわずかだが、眼の精度が非常によく、どんな僅少の長さの違いも見破ることができるとしてみよう。本来の正方形が、東西に短く南北に長い長方形に見えないか? もしそのように見えればローレンツの主張は正しいことになる。

ところがこれも駄目である。眼に入る光は水晶体というレンズで集められ、視神経を刺激する。視神経のある場所(網膜)に長方形の像がうつるわけであるが、視神経をつくる分子や原子が東西方向に縮んでいるのだから、視神経はこれを長方形と判断することはできない。正方形と思い込んでしまう。結局、東西に縮むとか、東西に走る光速は遅いと主張しても、これを実証する手段はなにもない。単なる作り話と言われてもどうしようもない。

以上のことは次のような例で考えるとわかり易い。ある人が、この世の中のものはどれも一時間に二倍の割合で大きくなっている、と主張したとしよう。自分の身体も、ものさしも、家も、地球も、光速度も、分子も原子もみんな一時間たつと二倍になるというのである。この説を否定する根拠はなにもない。つまり内部矛盾はない。あらゆるものがいちどに大きくなっていくのだから、われわれがいま目の前に見ている通りになっているはずである。

しかし、こんな説を主張したところでどうにもならないことはすぐに納得できるであろう。これこそまさに「ナンセンス」である。こんな説を許すなら、今度はＡが一時間に三倍のわりで大きくなりこれをＡの定理、Ｂは四倍に大きくなるとしてこれをＢの定理、Ｃは五倍でＣの定理、……これではたまったものではない。なにか膨張しないものがあって、それに対してほかのものが大きくなるのであったら、そのことは大いに取り上げなければならない。しかし、ここでのＡ、Ｂ、Ｃの定理のように、たとえそれ自体に矛盾がなくても、観測の対象にならないものは自然科学では問題にしない。それが自然科学の立場なのである。

なるほどローレンツの主張は、一見まことしやかに思える。しかしエーテルを認めながらなおかつマイケルソン・モーリーの実験結果を説明しようとする頑固さからきているものだとしたら、これはさきのAの定理やBの定理と選ぶところがない。こじつけもいいところである。

しかし電子論で大きな業績を残したローレンツはさすがに第一流の物理学者であった。アインシュタインの相対性理論が発表されてのち、おのれの頑迷な説を撤回し、むしろアインシュタインに協力的な立場をとってその研究に一役買ったのはみごとである。

のちにアインシュタインにより提唱された相対性原理によれば、物体は走っている方向に縮むのであるが（ただしローレンツが最初にとなえたように、エーテルに押されて縮むというような考え方はしない）、この現象は、彼の名をとってローレンツ収縮とよばれている。

■量子論的な波

こうして、エーテルというものはまったく無意味なものになってしまった。というよりもむしろ積極的に否定しなければならないのである。でなければマイケルソン・モーリーの実験結果が説明できない。

それではなぜエーテルなどを考えだしたのか。話をもとに戻せば、光という波の媒質として物理学の中に導入された概念である。だからエーテルを否定するのはいいけれど、これを設定した頃の精神にもとることはないのか。物理学者が自分でつくって自分でこわすのでは、あまりに節操がなさすぎはしないか。

しかしこの間に物理学の大きな進歩があったことを見逃してはならない。特に量子論は光に対する考え方を根本的にかえてしまった。

海の波とか音波などは古典的な波である。これには媒質が必要なのはもちろんである。ところが光は（のちになって、電子とかその他の素粒子の流れも物質波といって、光と同じように波の性質があるのが認められた）古典波とは本質的に違うのである。回折格子を通すと、うしろに縞模様のできるところのものなのである。回折格子をくぐった結果が、古典波と同じような模様になるというだけの話である。進行の途中は、誰もこれを見た者がないし、見ることはできない。ふつうの波とはまったく違うものだからである。

光が空間を走っていても、ある瞬間にどこが山でどこが谷だかわれわれは知らない。海の波や音波なら、場所xと時刻tの関数として、

$$y=\sin 2\pi\left(\frac{t}{T}-\frac{x}{\lambda}\right)$$

のように書ける。ただしTは周期、λは波長であり、海の波ならyは水面の高さ、音波ならyは空気の密度と考えればいい。

このような関数形がわかっているということは、これをグラフに描くことができるということ

である。ところが光波は描けない。境界条件（たとえば反射面）がないときには、グラフに描けてはかえっておかしいのである。しかも周期Tや波長λはわかっている。そんな幽霊のようなものを、数学的に書き表わすにはどうしたらいいいか。

うまい方法の一つとして、

$$\psi = e^{i2\pi(t/T - x/\lambda)}$$

としてやる。ψ（プサイ）が光波の量子論的性質を表わすとするのである。たとえばtは定数として、xを横軸、ψを縦軸にとりこの式のグラフを描けといっても誰もできない。虚数が入っている複素数だから描ける道理がない。しかもこの関数を使うと、これ以後の演算がまことに具合よくいくのである。量子論的な記述としてψを使うことは、百三十ページでも述べた。

数学的に見ても、光はふつう波とはまったく違う。そうして、このような量子論的な波動では、古典的な波のような媒質を考えてやる必要はないのである。

■はじめに光速度ありき

誰がエーテルを見たでしょう
ぼくもあなたも見やしない

けれどエーテルをふるわせて
光は通りすぎてゆく

と歌いたいところであるが、風ならば木の葉をふるわせることにより、その存在が確かめられる。ところがエーテル自身が振動するのでは、これは誰の目にも止まらぬわけである。こうしてエーテルは、物理学史の一時期だけに登場したゴーストに終わってしまった。

われわれがつかんだ最終的な結論は、方向とか運動とかにかかわらず光速度は一定であるという事実である。一定というのは、これを観測する人に対していつでも 3×10^{10}cm/s（秒速三十万キロメートル）ということである。

もし力学なら、発するものと受けるものとの相対速度で速さが違う。波動であるなら、観測者が媒質に対してどのように動いているかで速度が異なるはずである。ところが光に限りそのどちらでもない。

そんなおかしなことが……と開き直ってもどうしようもない。それが事実ならその事実をすなおに認めなければならない。

速度とは進行距離を所要時間で割ったものである。光速度を無理に（無理にというよりも、自然界の実情にかんがみてと言った方がいい。決して無理ではないのだから）一定にしたのであるから、距離とか時間の方にそのしわ寄せがくるのは当然である。

われわれ人間は長い間、空間とはまったく無縁に過去から未来へと永遠に続く時間とともに生きていると思い込んできた。しかし光速度一定が打ち出されたからには、この考えは当然変更されなければならない。

空間と時間が最初にあって、両者の比として速度という物理量が誘導せられた……のではないのである。自然界は、

「最初に一定の光速度ありき」

で始まらなければならない。なにをおいても光速度が一定であるような時空間、それが宇宙である。光速度一定という原則を絶対にそこなわないようにして、空間とか時間のもつ性質をこれにつけたしていくのである。なぜなら、われわれの宇宙は、われわれの認識にかかるもの以外ではありえないからである。そして認識のための基本量が、光速度だからである。

そのためには、いくら力を加えても絶対に縮まないような金属の棒が、意に反して（つまり常識と違って）縮まざるをえないはめに陥るかもしれない。私とあなたとで時間の経過が違うかもしれない。これらは単なる思考ではなく、世の中というものは実際そうなっているのである。光速度とはエネルギーの伝達速度であり、われわれのあらゆる認識を形成するための情報伝達の最高速度である。われわれは発信受信の条件のいかんにかかわらずその値は一定であることを知った。そのためには空間や時間の絶対性を放棄しなければならないのである。

さて、四次元空間とはどのようなものであるか、これを幾何学的な立場から述べたのが第2章である。そして現実の世界に——つまり物理学的な立場から——第四番目の次元として時間軸が導入される。その間のいきさつは次の第6章で説明しよう。つまり、

第2章　四次元空間の性質（幾何学的四次元）

←

第6章　実在する四次元（物理学的四次元）

と移っていくのであるが、この推移の骨子はアインシュタインの特殊相対性原理である。一八七九年に南ドイツのウルムに生まれ、スイス連邦工科大学（チューリッヒ）に学び、ベルン特許局の技師として働くかたわら、彼の思索は宇宙を形成する空間と時間とに向けられていた。そして遂に一九〇五年、マイケルソン・モーリーの実験を足がかりとして、特殊相対性原理を発表した。

すぐあとに述べるように、これは空間と時間との関連（あるいは空間と時間との同等性と言った方がいいかもしれない）を主張したものである。そして彼の目の前に展開されたものが四次元の世界であった。しかし特殊相対論では、空間の曲がりについてはまだ触れられていない。

第3章の空間の曲がりを、物理空間（つまり現実の宇宙）について解明しようとした試みは第7章にまとめた。つまり、

第3章　曲がった空間（幾何学的曲率）

↓

第7章　非ユークリッド空間（物理学的曲率）

という関係であるが、これを解説したのは一九一五年から一六年にかけて発表された一般相対性原理である。

特殊相対論では時間と空間とが宇宙を構成する土台であるが、一般相対論になるとさらに質量が構成要員として参加してくる。質量あるがゆえに空間の曲がりが生ずるというのである。だからもし、宇宙のどこかで質量に大きな変化があればそこに空間の曲がりが生じ、それが光速度で広がっていくはずである。

かげろうや蜃気楼で視界が揺れ、地震で大地が動くが、一般相対論による空間の揺れはこのような光学的あるいは力学的な現象ではない。本当に空間の曲がりが伝わってくるのである。これを重力波と言うが、理屈の上では存在しえても、実際には非常に微々たるものであろうから、観測するのはむずかしいと思われてきた。

ところが第7章で述べるように、※最近アメリカで重力波がキャッチされたらしい。となると、物理的な意味での空間の曲がりはますます確定的な事実として、認めざるをえなくなるわけである。

（**新装版注**：※二四八ページの〈新装版注〉参照）

第６章　実在する四次元

■長さとはなにか

望遠鏡で観測して三つの星A、B、Cの位置をはかった。星の遠近を測定するのは方向だけを調べるよりもはるかに誤差がともないやすいが、とにかくこれらの位置が判明したとする。現代科学の粋をこらして、星の光度や色などさまざまな点から検討したわけである。そうして三つの星がたまたま正三角形の頂点にあたっていたとしよう。もちろん遠近をも考慮して、宇宙空間の中に正三角形的な位置を占めているのである。

この場合の正三角形とは何か？　それは地球の人間が現在認識する限りにおいて正しい正三角形である。

しかし三つの星の中の一番遠いものは百万光年、最も近い星が一万光年であるとしよう。とすると、いまわれわれが三つの星を同時に認めて、これが正三角形であると言っても、一九六九年現在において、これらが実際に正三角形に配置されているという保証はなにもないではないか。正三角形であったのは昔の話である。しかも一つは百万年以前、一つは一万年まえというように、時間的に非常なずれがあるが、これを同一視していいのか。

これは太古のマンモスが銀座に現われたようなものではないか。源義経ひきいる源氏の精鋭と、武田信玄統率する甲州勢との合戦である。あるいは沢村投手の剛速球を王選手が打つようなものであり、双葉山と大鵬の取り組みに似ている。一万光年先の星はいまから一万年後にその位置を確かめ、百万光年へだてた星は百万年たった後にはじめて一九六九年現在の状態が判明するのではないのか。将来になって、それらの位置の記録を調べてみると、あるいは正三角形ではないかもしれない。だから現在正三角形であるとわれわれが認めても、これは真実ではない……？

実は自然科学ではこのような考え方をしないのである。われわれが自然界を認識するということは、直接にそれを見ることである。映画やテレビの録画はあくまで幻影にすぎない。直接にそのものを見るということが、客体を認知することなのである。現在見ているあの星が、自分の自然観を構成する客体なのである。一万光年先の星は一万年たってから云々《うんぬん》すべきだという考え方は、時間と空間とを切り離した自然観になってしまう。

沢村の球を王が打つことはできないが、星の場合は、いま見て正三角形ならこれを正三角形とよぶ。早い話が、真の三角形を判定するため、かりに一万年なり百万年なり待っていたとしたら（二人の人間はもちろんそんなに生きることはできない。記録に残して子や孫に伝えるわけである）、その間に地球なり星なりが動いてしまうというおそれがあるかもしれない。両者の間に相対速度が生じると、事態は非常に紛糾してくるのである。かりに百光年先の星については、百年たたなければ何も言えないというのなら、われわれの自然観というものは地球を中心とする半径七十光年か八十光年（人間の一生を七十年か八十年として）の球内に限定されてしまう。自然観とはそんなものではないはずである。銀河系もアンドロメダも、現在時において研究する。そして、自然の根底にまず不変の光速度があり、それを形成する成分として時間と空間が付随する。

このためわれわれは「長さ」というきわめて常識的な物理量に対しても考え方を根本的に改めなければならなくなる。棒の長さというのは、その両端A点とB点とのへだたりの度合いのことである。もし光速度が無限大なら、ABの長さとはA点とB点との距離である、としてやればよい。しかし光速度は有限である。このため長さとは、

「われわれがA点とB点とを同時に観測したときの、両点のへだたりである」

としてやらなければならない。この意味で、長さは時間と無関係には定義できない。

この場合、棒が静止していれば、それほど問題はない。昔の棒もいまの棒も同じ長さに見えるからである。ところが棒に対してわれわれが動いていると（あるいは、われわれに対して棒が動いていると）、その動きが棒の長さに影響してくる……。

■時間の遅れのスッキリした説明

ここでは互いに動いている二人が、それぞれ相手の立場をどう認めるかを考えてみよう。たとえば地球上に止まっているのを太郎、ロケットに乗って走っているのを次郎としよう。ロケットは等速度 v で走っているものとする。もし速度 v がかわることがあれば話はややこしくなるか

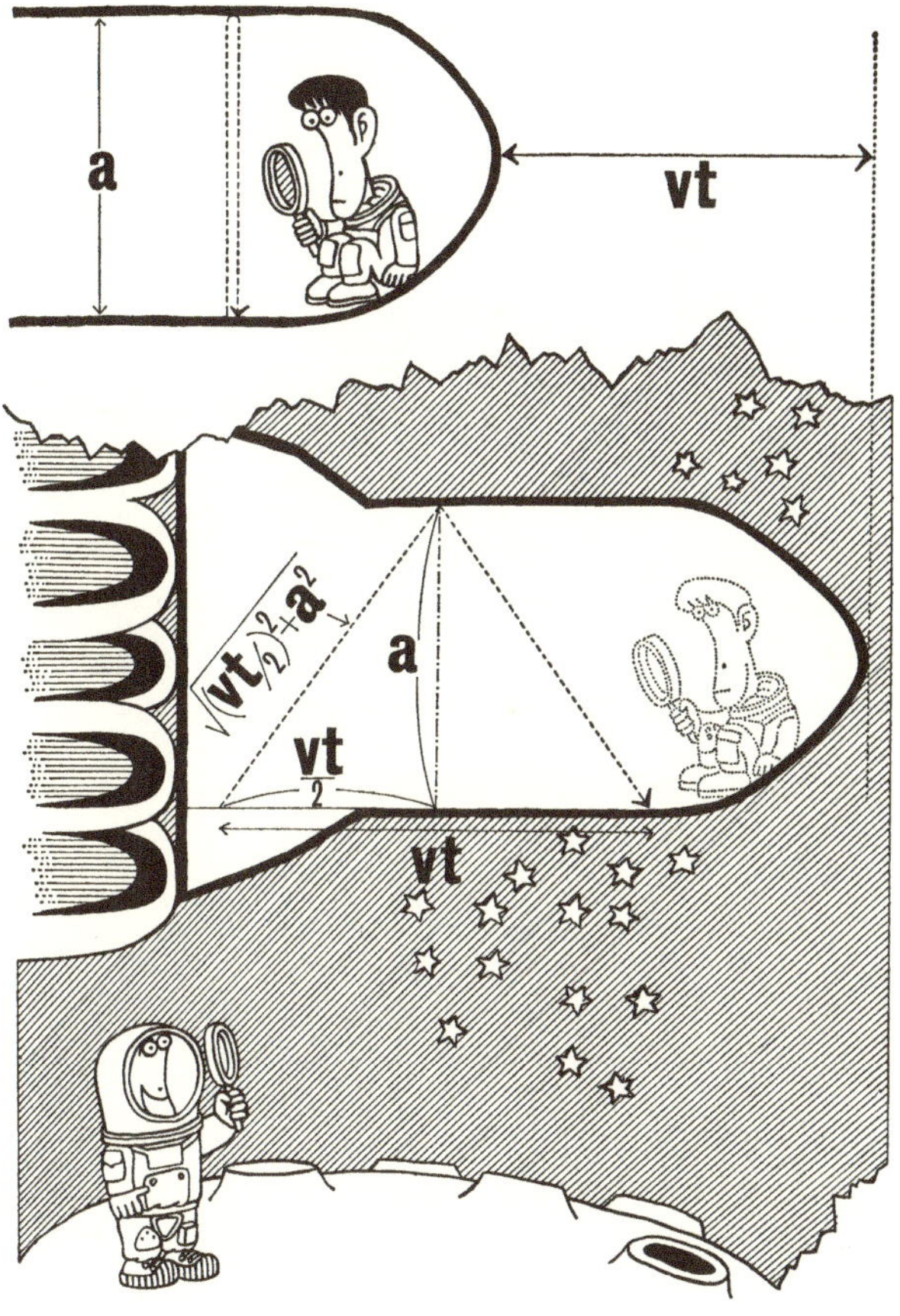

時間の遅れを説明する

ら、その問題はあとまわしにする。vは光速度cとくらべて、それほど遅くはないと仮定する。そんなに速いロケットなんかあるものか、などとは言いっこなしである。

このロケットの床から真上に光をだし、天井にある鏡で反射させて、再び床に戻るようにする。このとき発光してから光が戻ってくるまでの時間を測ると、太郎が自分の時計で測った場合と、次郎が自分の時計で測った場合とで同じ値になるだろうか。それとも違うだろうか。もちろん、太郎の時計は太郎に対して、次郎の時計は次郎に対して正確にときを刻んでいるとする。

ロケットの天井と床の距離をaとすれば、次郎にとっては所要時間は$2a/c$である。ところが太郎にとっては、光の通った道は二等辺三角形の二辺である。太郎が観測した所要時間をtとすると、この二等辺三角形の底辺の長さはvtだから、斜辺はピタゴラスの定理で$\sqrt{(vt/2)^2+a^2}$であり、二つの斜辺を光が通過するのに、太郎が見ている自分の時計の針が、

$$t=\frac{2\sqrt{(vt/2)^2+a^2}}{c}$$

だけ動くことになる。われわれの求めたいのはこのとき（太郎の場合）の所要時間tである。ところがこの式の両辺にtが含まれているから、いったん両辺を二乗し、そののちにtについて整頓してみると結局、

$$t=\frac{\frac{2a}{c}}{\sqrt{1-\left(\frac{v}{c}\right)^2}}$$

になる。

つまり太郎も次郎も、光が発するという事件と、光が床に到着するという同じ事件を観測したのであるが、その間の時間は、次郎が見ている次郎の時計で$2a/c$、太郎が見ている太郎の時計で右のような値となって、二つの時間が異なっている。同じ事件の時刻間隔が、次郎の方が短く、太郎の方が長いのである。次郎の方が短く感じるとか、太郎の方が長く見えるということでなく、実際に次郎の方が短いのである。

なぜこんなことになってしまったか、いま一度検討してみよう。光の通る道すじは、太郎が見ている場合の方が次郎よりも長い。この事情はふつうの力学でも同じである。ロケットに乗った人が床から真上にボールを放れば、道すじに関する限り、次郎の方が短い。そうしてボールの場合には、その速度が次郎と太郎とで違ってくる。太郎に対してはロケットの走っているぶんだけボールの速度に横成分が加わり、太郎の見るボールの方が次郎の見るボールより速い。これが道すじの長さをちょうど打ち消して、ふつうの力学では時間の違いなどはでてこない。

ところが、こと光に関する限りこうはならない。太郎の方が道すじが長いにもかかわらず、太郎の見る光速も、次郎の観測する光速もまったく同じである。その結果、当然太郎時間ははしょられ、次郎時間は間のびする。どんな立場から見ても「光速は一定」であるために、こんな結果になってしまったのである。

ここで文句をつけても仕方がない。われわれが認識できる宇宙空間というものはこのように光速が一定であるような性格の持ち主なのである。万人が共通の時間の流れを所有するなどと考えている方がどうかしているというのである。

■長さの縮みのスッキリした説明

走っているロケットの中では、地上から見た時間の進行がのろくなることはわかった。ロケットでなくてもいい。とにかく光の速さとくらべてそれほど遅くないものなら、自分から見た相手方の時間経過（ある事件から事件まで、あるいは事件のはじめから終わりまで）と、自分自身の時間経過とは食い違っているのだ。

時間が違えば長さも当然違うはずである。なぜなら、時間と長さとが双方協力して、一定不変の光速度というものをつくりあげているからである。われわれは常に、時間と長さ（つまり空間）とに対して、えこひいきのないとり扱いをしなければならない。時間は食い違うけれども、長さ

ものさしの縮みの説明（静止している人にとっては
CとDが同時刻であり，ものさしと共に走っている
人にとってはAとDが同時刻である）

は止まって観測しても走って測定しても同じだというのは、不公平である。繰り返すが、かわらないものは光の速度であって、時間や長さはかわるのである。

いま眼の前にものさしがある。その長さをlとしよう。今度はこのものさしが非常なスピードで眼の前を走りすぎるとする。このときにはものさしの長さはもはやlではない。なぜか？　ものさしの縮みは次のように考えてみると納得がゆく。

走っているものさしのちょうど真ん中から光が出たとする。この光をものさしの前端および後端がキャッチする。前端が光を受ける時刻と、後端が受ける時刻とは同時か？　それともずれがあるか？

もし、ものさしにくっついて走っている人があればそれは同時だと言うだろう。彼にとってはものさしは止まっているわけであり、中央から出発した光は前後へ（彼にとってはものさしは動いていないのだから前後というのはおかしい。左右へ……である）同じ速さで走るからである。

ところが地上に静止している人がこのものさしを見ていたらどうなるだろう。ある瞬間にものさしの中央から光が出る。光はものさしの前方と後方へ同じ速さで進む。ところがものさしは前方へ動いているから、光はまずものさしの後端に当たり、しばらくしてから前端に当たる。光がものさしの端にとどく時刻にずれができる。だから光が前端に当たったときには、後端は光を受けていた位置よりも多少前進していることになる。

ここで長さとは何か？　をいま一度思いだしてみよう。

「長さとは、同時刻におけるものの両端のへだたりの度合いである」

地上で見ている人は、中央からでた光がものさしの前端に当たった時刻をもとに両端のへだたりを観測する。しかし、そのときには後端はやや前進した位置にある。つまりそれだけものさしは縮んでいるのである。

ものさしに乗っている人が見たものさしの長さをl（これは地上の人が、地上に止まっているものさしを見た長さと、もちろん同じである）とし、地上の人が速度vで走るものさしを見たとき、その長さがl'であるとすると、計算の結果、

$$l'=l\sqrt{1-\left(\frac{v}{c}\right)^2}$$

となることがわかる。走っているものさしは式で書かれたように長さが縮むのである。vで走っている人が、止まっているものさしを見た場合にも、まったく同じわりあいで長さは縮む。これをローレンツ収縮という。

■座標変換とはなにか

ふつうの三次元空間に棒があるとき、その一端の位置Pを直交座標系で（x_1、y_1、z_1）、他端

Qを（x_2、y_2、z_2）とする。すると棒の長さの二乗はピタゴラスの定理によって、

$$(x_2-x_1)^2+(y_2-y_1)^2+(z_2-z_1)^2$$

となる。同じ棒を別の座標系（x'、y'、z'）で見ると、

$$(x_2'-x_1')^2+(y_2'-y_1')^2+(z_2'-z_1')^2$$

はやはり棒の長さの二乗であり、その値は（たとえ一つ一つの項の値はかわっても）右のものとかわらないはずである。

このようにダッシュのない座標系からダッシュつきの座標系に表現方法をかえることを、座標変換という。いまの場合、わかりやすく言うと、最初は右なめ上から見たものを、次には左なめ下から見たというように、棒を見る角度をかえたにすぎない。ただし見るといっても平面的に眺めるのではなく、ちゃんと奥ゆきも測ってやるのである。どんな見方をしても、一メートルの棒は一メートルである。

しかし座標変換というのは見る角度をかえるときにだけ使われるわけではない。たとえば止まっている座標系を走っている座標系から観測した値になおすことも座標変換の一種である。いま座標系（x、y、z）に対してxのプラスの方向に等速度vで走る座標系（x'、y'、z'）を考えてみる。両者の関係は、

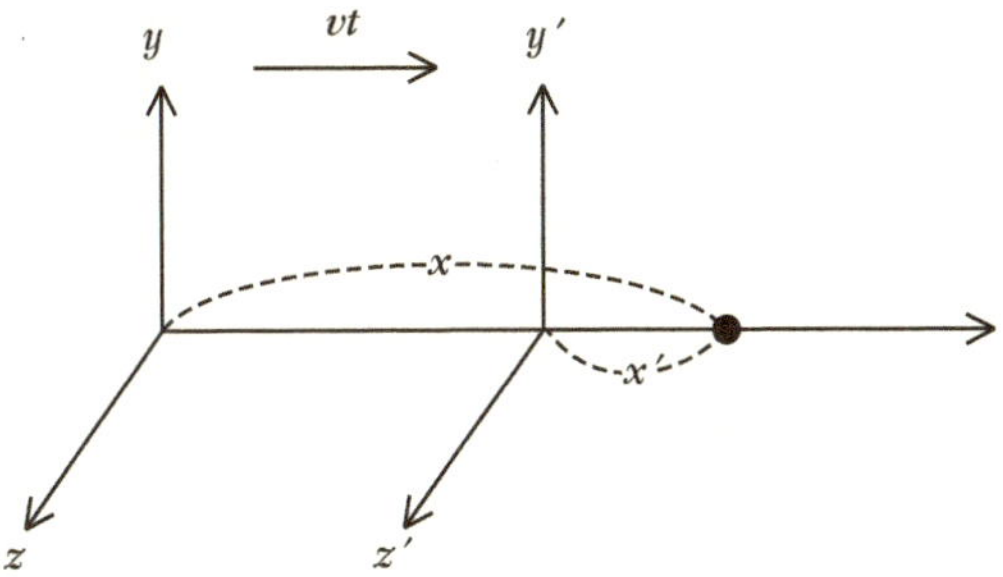

ガリレイ変換

$$\begin{cases} x' = x - vt \\ y' = y \\ z' = z \end{cases}$$

のようになる。ダッシュのついている方が走る座標系から見た数値である。このとき棒の両端を1、2で表わすと（この棒は走っていても、止まっていてもかまわない）、

$$(x_2 - x_1)^2 + (y_2 - y_1)^2 + (z_2 - z_1)^2$$
$$= (x_2' - x_1')^2 + (y_2' - y_1')^2 + (z_2' - z_1')^2$$

になることはすぐにわかる。その気のある人は鉛筆をとって計算されるとよいだろう。このように等速度で走る体系間の座標変換をガリレイ変換とよぶ。

ところが光速度一定という厳然たる事実がわかってみると、ガリレイ変換では具合がわるくなってきた。なにしろ相手方の長さは縮み、時間の経過はのろくなるのである。さきに導いたローレンツ収縮を考慮すると、ガリレイ変換のかわりに、

$$x'=\frac{x-vt}{\sqrt{1-\left(\frac{v}{c}\right)^2}}$$

$$y'=y$$

$$z'=z$$

$$t'=\frac{t-\frac{v}{c^2}x}{\sqrt{1-\left(\frac{v}{c}\right)^2}}$$

としてやらなければならないのだ。yやzの方向には走っていないから、この二つの変数に変更はないが、xとtとが複雑に変換する。

このことをもう少し具体的に述べると、静止の人はある事件を（x、y、z、t）と認識するが、走っている人はまったく同じ事件を（x'、y'、z'、t'）と見るのである。運動は相対的である。ダッシュの方が静止で、ダッシュなしの方がxのマイナスの方向にvで走っていると考えても、いっこうにさしつかえない。

変換法則はこのように複雑になるが、これがこの世の真実なら、文句を言わずに認めざるをえない。そこで問題は、このような変換に対して、何が不変量になっているかである。

二つの事件PとQとを、太郎は（x_1、y_1、z_1、t_1）と（x_2、y_2、z_2、t_2）と思い、次郎は（x_1'、y_1'、z_1'、t_1'）と（x_2'、y_2'、z_2'、t_2'）と信じる。光速度無限大なら棒の長さが不変量であった。しかし光速度有限なら、立場を異にしても（つまりダッシュのある座標系から見ても、ダッシュのない座標系から見ても）、かわらない量は何であるか。

ローレンツ変換の式をいろいろいじっているうちに（さきの式からvを消去するように演算する。それほどむずかしくないのでやってみられるのもよい）、次のような関係があるのがわかる。

$$(x_2-x_1)^2+(y_2-y_1)^2+(z_2-z_1)^2-c^2(t_2-t_1)^2$$
$$=(x_2'-x_1')^2+(y_2'-y_1')^2+(z_2'-z_1')^2-c^2(t_2'-t_1')^2$$

この式は動く座標の速度vの値がいくらであっても成立する。長さだけ（つまりx_2-x_1）を考えれば、座標変換でかわってしまう。また時間だけ（つまりt_2-t_1）に注目しても不変性は保たれない。ところがこのように四つの項をセットにして考えてみると、どうころんでも和は一定なのである。

■ついに四次元を見つけた

まえに伏線を張っておいたように、四つの成分の二乗の和が不変であるような空間が、四次元の空間である。われわれは遂にこれを探し当てることができた。

四本の直交軸は、x、y、zとそれに ict である。cは光速度、tは時間である。iは二乗すると-1になる数であり、数学ではこれを虚数とよぶ。虚数というまことにおかしなものがついてきたが、とにかく ict が第四番目の次元になる。

しかし、第四番目の軸はなぜ ict なのか。tであってはいけないのか。もちろんいけない。たとえば四次元空間の次の式を見てみよう。

$$X^2+Y^2+Z^2+U^2=(X')^2+(Y')^2+(Z')^2+(U')^2$$

これと先の式をくらべてみると、Uが ict でなくてはいけないことがわかるだろう。iが入らなければc^2の前にはマイナスの符号はついてこないのである。

x、y、zをそれぞれ縦、横、高さとするとき、では ict はどちらの方向か。これは眼を皿のようにしても、どうにもなるものではない。

二次方程式を解いて、解が虚根になるとき、放物線はx軸と交わらない。x軸との交点が方程式の解になるのだが、この場合には虚点においてしか交わらないのだ。そんなものが眼で見えるはずがない。これと同じで、単に三次元空間だけに頼る思考から（言いかえると、単なる幾何学的な概念だけから）第四番目の次元をみつけようとしても無理である。

あるいは読者諸賢の中には、せっかくの四次元に対する期待が肩すかしをくらって、なにかペテンにかけられたように思われる人があるかもしれない。単なる空間的な四次元を想像していた人にとっては、あるいはペテンという結果になるかもしれない。

しかしわれわれが自然界を認識する場合には、空間の概念だけでは不完全である。少し極端な言い方をすれば、われわれの見ているものは、空間と時間の両方なのである。われわれを知覚させる客体というものは、空間と時間とを織り混ぜたものなのである。

とはいうものの、虚数のiに不安をもつ人も多いであろう。実際、問題にとりくむ場合には常にこれを二乗したかたち、すなわち-1が問題になってくる。これを座標軸として考えたために、-1を開平しなければならないハメに陥ったのである。式の運営には、いささかの障害もない。

実際には、四次元世界をグラフに描く場合には、ふつうiを除きct軸を用いる。x、y、z、ctの互いに直交する四つの軸で形成される四次元空間は、ドイツの数学者ヘルマン・ミンコフスキーにより提唱されたもので、これをミンコフスキー空間とよぶ。すべての物理学は（大げさに言えば、あらゆる自然現象は）ミンコフスキー空間の中で記述せられるべきものなのである。ただ、ものの速度が途方もなく速い、ということがなければガリレイ変換で十分である。このときにはふつうの三次元空間を使い、時間とは、空間と無関係に過去から未来に流れているものであるとしてやってもさしつかえない。

■実在としての四次元

われわれは空間としての次元のほかに、これに時間軸ctをつけて四次元空間を設定した。この軸の単位はtにcがかかったものであるから、軸上に長さをとって表わされ、他の三軸と同じ物理量になる。

ここで読者は、

「x、y、zに、単に時間をつけただけではないか。ミンコフスキー空間などというものは人間のでっち上げにすぎない。まったくの形式であり、観念の産物でしかない。たまたま時間という無限に続いているものがこの世にあったから、これ幸いと次元の中にほうり込んだだけのことではないか」

と言われるかもしれない。確かに立方体はどちらから見ても立方体である。ある方向から見たら超立方体になるということはない。しかしこれは、われわれが四次元空間の時間軸に垂直な断面（面ではなしに実は立体）の中に住んでいるせいだと考えたらどうだろう。

二次元の人間が棒を見ているとする。棒が面内にあれば棒の長さをそのまま認めることができる。ところが棒が三次元空間の中に入っていったら、つまり棒と二次元平面との角度がだんだん大きくなっていったら……、二次元の人には棒の長さがだんだん小さくなっていくように見える。彼には棒の射影しかわからないのだから。この角度と二次元の人の認める棒の長さとの関係

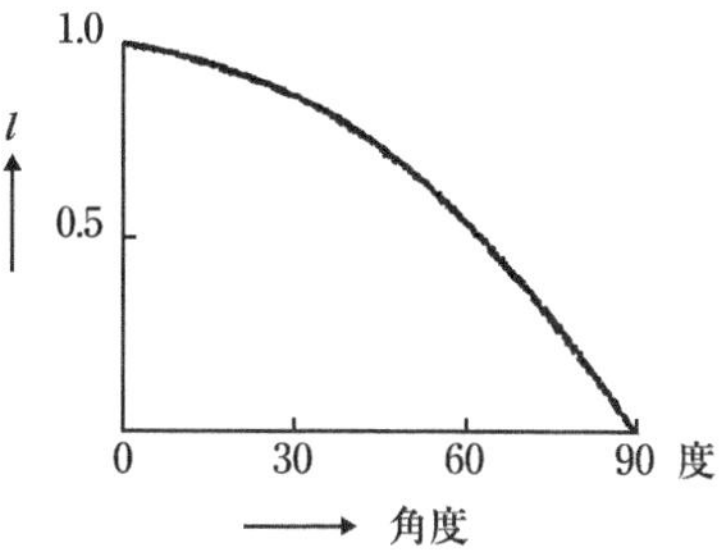

棒の傾きと射影の関係

をグラフにすると上図のようになる。棒が垂直になれば長さはゼロである。

三次元空間で棒を傾けるということは、$x^2+y^2+z^2$ という不変量のうちで、たとえば x を小さくして z を大きくすることである。これと同じように考えると、四次元時空間の不変量 $x^2+y^2+z^2-(ct)^2$ のうちで、x を小さくするということはどういうことか。それは先にも見たように棒を x 方向に非常に速く走らすことに相当する。そのときにはローレンツ変換の式からわかるように、第四番目の項 $-(ct)^2$ も変化して、四つの項の和が一定に保たれる。

以上のことを四次元の世界での操作に翻訳すると、棒を走らせるということは、第四番目の軸にそって棒を傾けるということと同じになる。とにかくこうして棒は縮む。

いかに頑強な金属棒でも、どんな強力な圧縮機にかけ

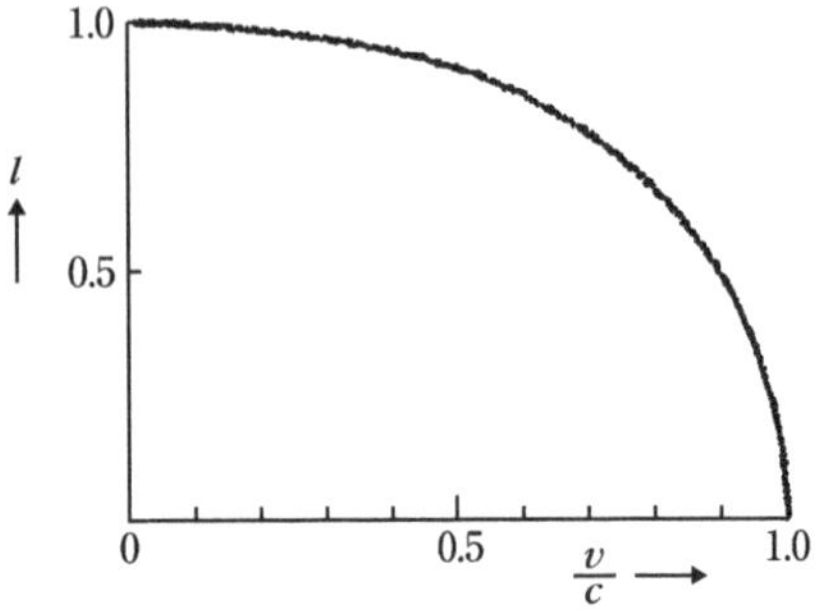

棒の速さと長さの関係

てもビクともしない固体でも、走らせさえすれば縮むのである。この縮みをどう説明するか。xが小さくなって$-(ct)^2$が変化するというのは、棒がだんだんと四次元空間の中に入り込んでいったと解釈するのが最も自然ではあるまいか。棒の両端が第四番目の時間軸の方向に傾き始めたのである。時間軸に垂直な三次元断面の中におとなしく収まっていなくなったのである。

棒は光速度に近づけば近づくほど、三次元空間に対して垂直に近い状態になってくる。この速さとわれわれの見る長さとの関係をグラフにすると上図のようになる。たとえば横軸の0.5は、棒が光速度の半分で走ることを示す。このときには長さは、静止の場合の〇・八六六倍ほどになっている。

■ライト・コーン

グラフというものは、二つの変化する量の間に、ある関係があるとき、これを直接視覚に訴えるために描かれるものである。両者の関係が $x^2+y^2=a^2$（ただし a は定数）であるといっても、解析幾何学を習った人でないとピンとこないかもしれない。こんな数式よりも、半径 a の円を描く方がはるかにわかりがいい。また $y=ax+b$ は直線、$y=ax^2$ は放物線のことである。

右の例は、横軸、縦軸ともに空間的な距離をとったものだが、グラフの横軸や縦軸にどのような物理量を当てはめようと、それはグラフを描く人の自由である。横軸に時間 t、縦軸に距離 x を採用すると、ものの運動のありさまをきわめてはっきりと理解することができる。列車のダイヤを編成するとき、よくこのグラフが利用される。

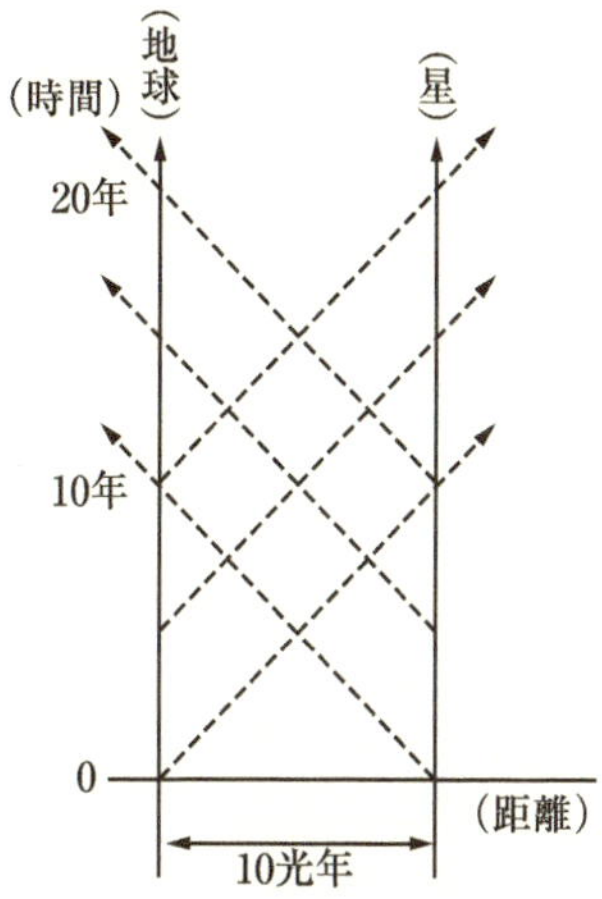

時空間座標上の星

相対論ではローレンツ収縮が問題になる。また素粒子論では時間の経過とともに粒子間の相互作用がどうなるかを研究するので時空間座標がつかわれる。このような場合、われわれは縦軸を時間軸にするのが慣例である。そうして下を過去、上を未来とする。

また相対論のように量的な正確さを必要とするときには、縦軸はctのようにする。たとえば縦軸の一年に相当する時間の長さを一センチとすれば、横軸の方も一光年に該当する距離の長さを一センチとする。このような尺度でグラフを描けば、光は必ず四十五度の方向に走ることになる（光は一年で一光年進むから）。

前ページの図は地球と、地球から十光年離れた星とを時空間座標で表わしたものである。どちらも静止しているから（地球の公転運動は無視する。また十光年の場所に恒星はないが、図は一つのたとえである）時間の経過とともに平行して上にあがっていく。点線で描いたのが光である。互いに、相手の十年前の姿しか見られないことがグラフから直ちに理解できる。

このような時空間の中の一点は（空間的な位置ではなく）、まえにくわしく述べた「事件」を表わす。また地球からとび出していくようなロケットがあれば、それは等速度でないから時間的空間的経過は曲線になるだろう。ここで、時空間グラフに描かれた曲線を世界線（ワールド・ライン）とよぶことをつけ加えておこう。

空間についてはx方向だけでなく、y方向もz方向もある。ところがt軸に垂直に三本の互いに直交する軸を描くことはできない。そのためzだけは描くのをやめ、xとyだけを記入すると次ページの図のような立体図になる。

いまO点という事件（位置でなく事件である）を中心に考えてみると、この事件から発する光は

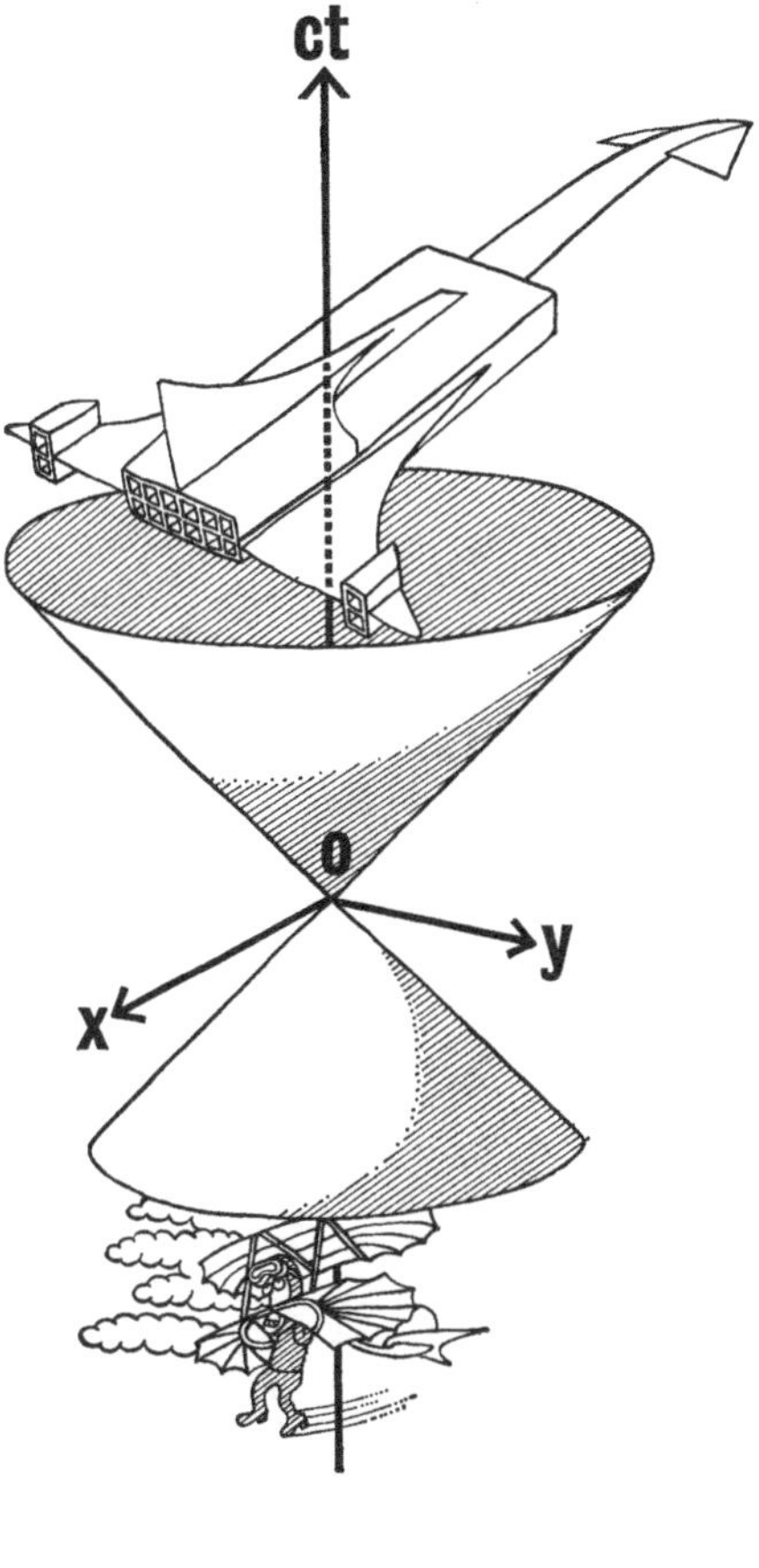

光円錐（ライト・コーン）

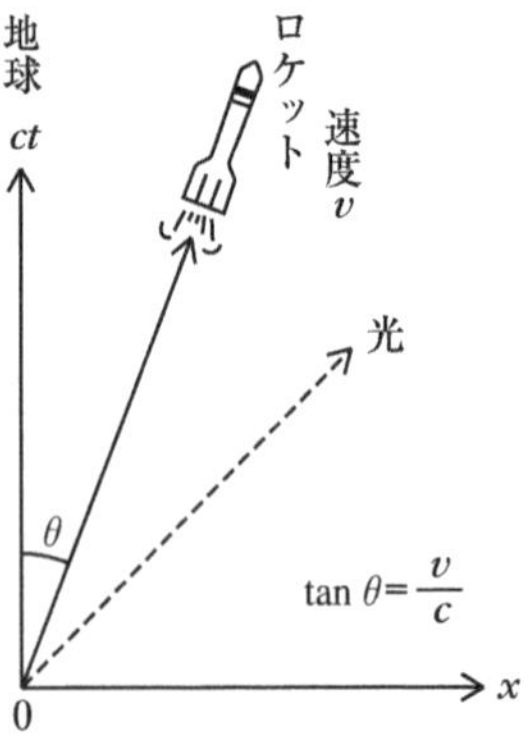

ロケットの世界線

時間とともにx方向y方向へ広がるから、上方円錐形に広がることになる。またこの事件が受信する光は、下方（過去）から円錐形につぼんで事件の時空点Oに集まる。このようにミンコフスキー空間（グラフは三次元だから、正確な意味ではミンコフスキー空間と言えないが）中の光の経過としての錐面を、光円錐（ライト・コーン）とよんでいる。円錐面の上部内側を点Oの未来、下部内側を事件Oの過去という。

しかし面の外側は、たとえ上の方にあっても、未来といってはまずい。のちにこの光円錐の効用について詳しく述べるが、光のとどかぬ面の外側は、事件Oとの間に何の因果関係ももたないのである。だからそこは過去とも未来とも言えない。

■座標が走る

二百一ページの図は地球と星との間に相対速度のないときのグラフであるが、地球と、これに対してかなりのスピード（等速度）でとんでいるロケットとの相互関係をグラフにするとどうなるだろうか。 いまロケットのとんでいく方向を空間のx軸とし、その向きをプラスとしよう。そうすればロケットの世界線は前ページの図のように右ななめ上にあがっていく。

光は右ななめ上に四十五度であるが、ロケットはもちろん光よりも遅いから同じ距離をゆくのにもっと多くの時間を要し、世界線はきり立っている。真上に c（光速）だけ（$t=1$）進むと水平右に v だけ走ることになるから、図の角度 θ もすぐわかる（三角関数を使って言うと、$\tan\theta=v/c$ になる。ただし v はロケットの速度）。

したがって、ロケットに固定した（ロケットと共に動く）座標系をつくろうと思えば、その時間軸（これを ct' と描くことにする）は、図で言うと原点Oとロケットの絵を結ぶ右上がりの直線にとればよい。ロケット内の人はこの座標系に対しては動いていない。この人は ct' 軸に沿ってロケットの速さとともに右ななめ上にあがっていくのであるから、ロケット系の座標に対しては動いていないことになるわけである。

ふつうの力学のグラフではこれでおしまいである。止まっているものはまっすぐにあがり、x のプラスの方向に動くものは右ななめにあがり、x のマイナス方向に走るものは左ななめにあがるように描けばいい。

ところがこれまでに述べてきた理論によれば、変わらないものは光速度であり、ロケットのように速く走っているものは、その時間ばかりか空間も変化する。つまり時間と空間とは同等だから、時間軸の傾きとともにロケット系の空間軸も傾かなければならなくなる。

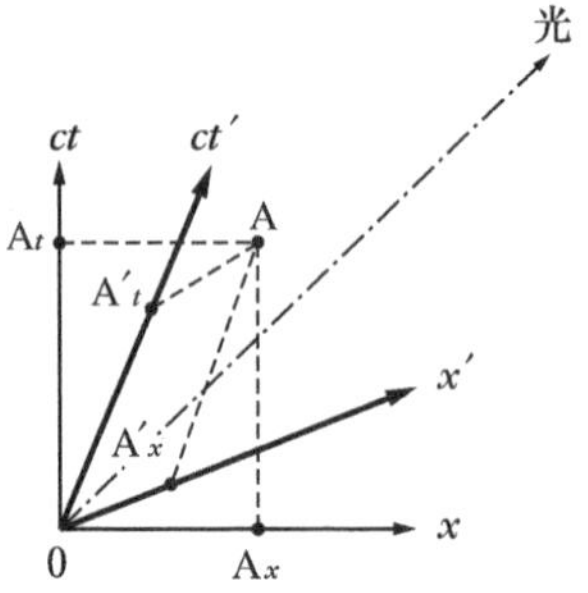

ロケット系の斜交座標

ローレンツ変換の式が正しく成立するようなグラフをつくるには、上図のように時間軸と空間軸とは光の走る方向（四十五度の方向）に対して対称でなければならない。ct軸が右に傾くときにはx軸は右上がりになるのである。なぜなら、光速度不変の原則に立ってちょうど一年たつと光が一光年進むようにしなければならない。傾角はもちろん$\angle xox' = \angle(ct')\,o\,(ct)$である。こうして地球系は直交座標、ロケット系は斜交座標になる。たとえばAという事件は地球系では（A_x、A_t）と観測され、ロケット系では（A'_x、A'_t）と観測される。またロケットが速ければ速いほど（つまりvが大きいほど）、ct'軸とx'軸とは接近してきて、極限の光速度になると両軸は重なってしまう。しかしロケットの質量は、速く走れば走るほど大きくなるから、光速度に達するには無限に大きな推進力が必要であり、この状態の実現は不可能である。

話が少し複雑になるが、斜交軸では目盛りの大きさをかえてやらなければならない。直交軸の方で、たとえば一年を一センチで表わすなら、斜交軸の方では一年を$\sqrt{1+\left(\frac{v}{c}\right)^2}\Big/\sqrt{1-\left(\frac{v}{c}\right)^2}$センチで表わさなければならないのである。

■名古屋と静岡で食べる

まえに座標変換のことを述べた。たとえば直交座標（x、y、z）を別の直交座標（x'、y'、z'）にかえることを座標の回転という。つまり同じものを視点をかえて別の立場から見ようとしているのだ。座標回転の場合には、どのような立場から見ても、各成分の二乗の和は変わらない。

前図の斜交座標も座標変換の一種であるが、地球上での測定のかわりに、ロケットに乗っているものの立場に立って事件を眺めたらどうなるかというのがその座標変換の意味である。図のAというのは一つの事件である。これは客観的事実であるから、見る者の立場がどうであれ、この時空間内の点はかわらない。それではOという時空点にいる人と事件Aとの関係はどうなっているのか。

地球上に静止している人の立場から言えば（つまりダッシュのつかない直交座標で見れば）、Aは距離 $\overline{OA_x}$ だけ離れたものであり、時間については $\overline{OA_t}$ だけ未来の事件である。ところが同じO点という時空点にある人でも、この人が速度 v のロケットに乗っていると立場が異なってくる。この人にとってはAは $\overline{OA_x'}$ だけ離れた距離にあり、$\overline{OA_t'}$ だけ未来の事件なのである。

同じ時空点にあって、同一の事件を眺めても（眺めるといっても未来の事件だから、すぐに眼で見えるというわけではないが)、そこまでの距離も時間も違うのである。まことに常識外のことではあるが、これが真実であって、常識的に考えていたことの方が近似的な思想にすぎないのである。

ある恒星が地球から百万光年離れていたとする。この百万光年という距離は、地球上の人間や恒星上の生物の立場から表現した距離である。いま猛スピードでこの恒星に向かうロケットが地球付近をかすめたとする。このロケット内の人には恒星までの距離は決して百万光年ではない。五十万光年にも一万光年にも、あるいはロケットがもっと速ければ一光年にもなる(これがローレンツの収縮)。このように長さとか距離とかいうものは確固不変のものではなく、これを観測するものの立場によって、どうにでもなってしまうのである。

いま一度、二百六ページの図を日常的な例で説明しよう。一郎と二郎とが新幹線で大阪へ向かった。空腹になった一郎はビュッフェにいって食事をしてきた。しばらくして今度は二郎がビュッフェにいきサンドイッチを食べてきた。

「どこで食べたんだい?」

と一郎が聞くと、

「カウンターのいちばん手前があいていたから、そこで食べたんだ」

と二郎が答える。

「なあんだ、ぼくと同じ場所で食べたんじゃあないか」

と一郎は言う。

このとき一郎の言った「同じ場所」という言葉はもちろん正しい。がしかし、これは列車内部の人間にだけ通用する言葉である。外部の人から見れば一郎が食事した場所は静岡であり、二郎がサンドイッチを食べたのは名古屋である。決して同じ場所ではない。グラフに描けば左図のようになる。事件AとBとは、直交系では異なる場所だが、斜交系では同じ場所になる。つまり立場によって、位置に対する観念が違ってくる。

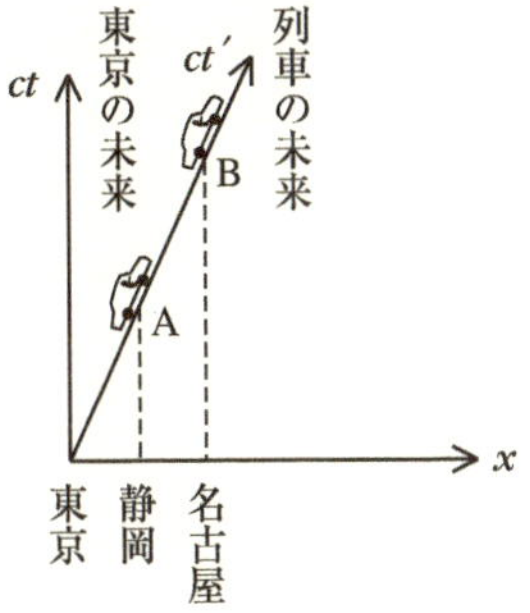

立場によって「位置」が異なる

■「同時」が同時でない

時間に対する観念も、同じように立場の違いで異なってくるはずである。新幹線ぐらいのスピードでは、時間軸も距離軸もとてもななめになるまでには至らないが、わかりやすく大げさに描いたわけである。そして時間軸が上図のようになるからには、距離軸も当然次ページの図のようになる。

「同時」という概念も、静止系と運動系とで違ってくる。

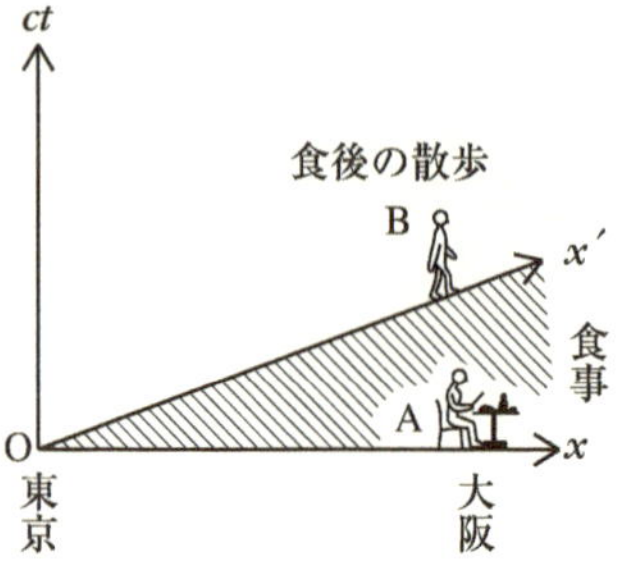

静止系と運動系で同時が違う

これを論ずるには、光速度とあまり変わらないほどの速さが必要であり、常識的には考えにくい。いま、列車の問題になおして（たとえば光速度がうんと遅いと仮定してみればいい）考えてみよう。

Aは大阪の叔父さんが食事をしているという事件であり、Bは食後の散歩である。グラフの原点Oは東京である。東京にいて列車に乗っていない人は（つまり静止している人は）、大阪で食事をしている叔父さんと「同時」である。また東京で列車とともに走っている人は、大阪で食後の散歩をしている叔父さんと「同時」である。なにか狐にでもだまされているような感じだが、時間というものは、このような性格のものなのである。

立場によって「同じ場所」の意味が違うように、立場によって「同時」の示す概念も異なってくる。私もあなたも、近い人も遠いものも、共通の時刻の上に立って未来に向かって進んでいるという考え方が誤りなのである。時間とは、そんなに融通の利かない頑固なものではない。

図の斜線をほどこした部分の時空点は、東京に静止している人にとっては未来であるが、列車内の人（もちろんその人はO点にいる）にとっては過去なのである。この意味で未来とか過去とかいう言葉も、必ずしも絶対的なものではない。

なお列車内の人と列車外の人との関係はまったく相対的なはずである。列車の方が止まっていて、外の人達がみんな動いていると考えても、いっこうにさしつかえない。それなのになぜ静止系は直交座標で、運動系が斜交座標になるのか、公平を欠くではないかと思う人があるかもしれない。

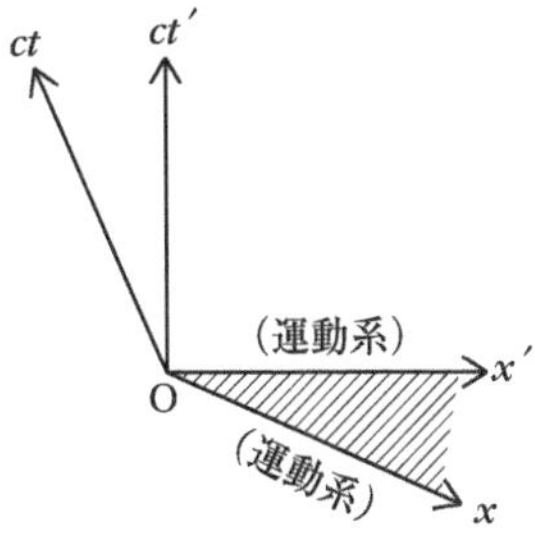

地面が動き，列車が静止と考える

実は、運動系の方を直交座標にとっても、さしつかえないのである。このときには静止系は上図のように外へ開いた斜交座標になる。静止系は列車に対して、xのマイナスの方に走るからこのようになるのである。相手の座標が、中につぼむか外に開くかは、どちらの向きをxのプラスにとるかによってきまる。

なお前ページの図の斜線の部分は、そのまま上図の斜線になる。静止系にとっては未来、運動系にとっては過去であることにかわりはない。

■因果律

人間は母親から生まれ、幼児、少年、青年を経てやがて年をとり死んでいく。この経過が逆に移行するなどということは絶対にありえない。火をつけるからものが燃えるのであり、生きているから人は死ぬのである。

映画フィルムのコマを逆に流せば、火が小さくなってそのあとに紙が現われ、死んだ人間も生きかえる。しかしこれはあくまでも作りものである。真実の姿というのは、われわれが直接に目で見たものである。そこからやってくる光を目に受けて、自然界の状態なりその経過なりを経験する。

自然界の結果には原因があり、原因が結果をよびおこす。その過程を結ぶのが因果律であり、因果律をひっくり返すようなできごとはこの世にないはずである。死人がよみがえったり、老人が青年になり子供になるなどということがあってはたまらない。

原因と結果の関係は時間の経過にしたがって生起する。原因は必ず過去に、結果はそれよりも未来になければならない。ところが時空間のグラフでは、過去と未来とが必ずしもはっきりしないと述べてきた。

左図を見ていただきたい。原点は男が弾に当たって倒れようとしている事件である。x軸とx'軸との間に、別の男がピストルを発射している事件がある。ピストルを撃つのが原因で、男が倒

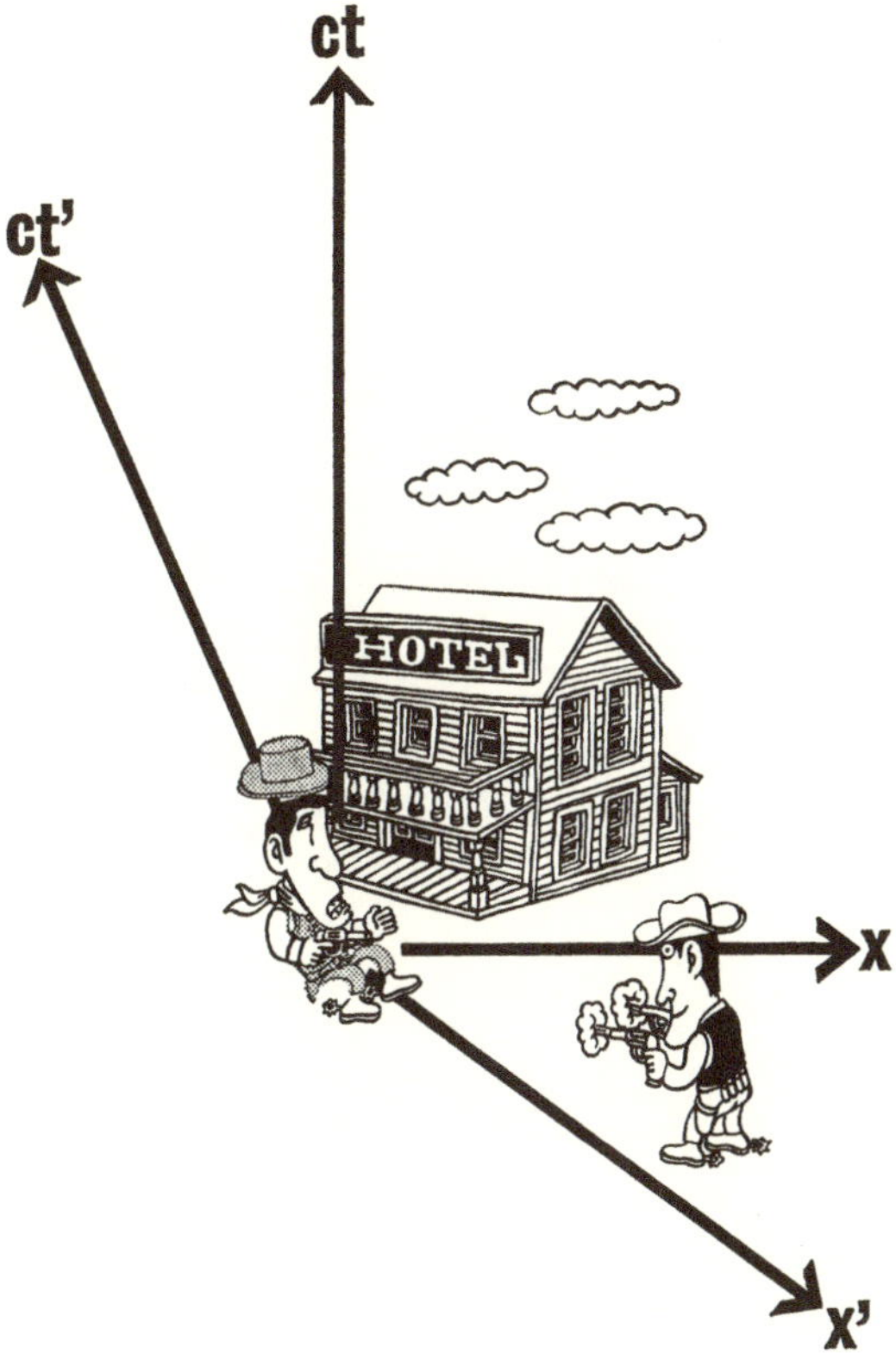

ピストル事件の因果関係

れるのが結果であることはもちろんである。

さてこの二つの時空点の時間的関係であるが、x軸（運動系）からこれを見れば因果的に正しい。つまりピストルを撃つことと弾が当たってたおれることは過去から未来へ流れている。しかしx'軸（静止系）からこれを見れば、弾丸に当たって倒れる方が、ピストルを撃つことよりも時間的に先である。つまり原因と結果が時間的に逆になっている。こんなことがあっていいものだろうか。それとも時空間の四次元世界では、こんなことも起こりうるのだろうか。

いま問題にしているのは四次元の世界の性質であるが、この時空間で因果律が成立するかしないかはきわめて重要な事柄である。もし成立しないとしたら、われわれのものの考え方は大きく変わらなければならない。立場を変えれば老人が青年になり、火事で焼けた家がもとのとおりに復元する。失った恋もかえってくるかもしれない。

こんないいことばかりではない。へたをするとわれわれは戦中戦後のきびしい状態の中におかれるかもしれない。二十何歳かにならない人達は消えてなくなってしまう。あるいは今の自分が消えてしまって、五年先の大きな交通事故でこの世に戻るかもしれない。いずれにしろ、とんでもないことになる。

しかし、いかに四次元空間を考え、光速度が有限であるとしても、因果律を乱すようなことは絶対に起こりえない。図は間違いなのである。

原点と、ピストルを撃っている時空点との間には、どんな方法を用いてもつながりはない。なぜなら、最も速い光を用いても、原点から出発する通信は右上四十五度にあがる。またピストルの時空点からx軸上のマイナス側に向かう光は左上四十五度にあがる。したがってその光は原点にいる相手の時空点にとどかない。いわんやピストルの弾はもっときり立った世界線を描きグラフの上方に走ってしまい、相手にとどくことはないのである。

再び二百三ページの図を見ていただきたい。O点という時空点にとって、上側の円錐面の内側は確かに未来である。この中の時空点に対しては、O点から何らかの情報なり作用なりが到達する。錐面ギリギリの時空点に対しては、光を投射してやればよい。もっと内側の点なら弾を撃つとか音を伝えるとかですむ。あるいは手が届くかもしれない。また下側の円錐面の内側の時空点は、O点に対する原因になることができる。ここで起こったことの影響がO点に及ぶことは十分考えられる。錐面の中だけでは因果律が成立し、必ず原因が先で結果があとになる。

ところが錐面の外部とO点とは、何の交渉もあり得ない。交渉のないところに原因、結果の関係があるはずがない。図の上の方が未来で下の方が過去だと言っても、錐面の外部であれば、これは言葉だけの問題である。下の方が過去であると言うことはかまわないが、その「過去」はO点に対する原因にはなりえないのである。このため錐面の内部を時間的な領域、外部を空間的な領域というように、四次元ミンコフスキー空間を（二百三ページの図は三次元に描いたが、本当は四次元のはずである）二つの部分に分けて考えることがある。

■超多時間理論

以上述べてきた理論は、一九〇五年に発表されたアインシュタインの特殊相対性理論における空間および時間に対する考え方のあらましである。特殊相対論とは、「時間と空間とが、無関係なものではないことを主張したものである」というような表現もできるであろう。このほかに、質量は速度とともに増大すること、エネルギーと質量とは相互に変換できるものなどの事柄も、特殊相対論から帰結される。

物理学の研究は、一つには宇宙という巨大な空間に目を向けるが、他方では電子、陽子、中性子、中間子といったきわめて小さな粒子、つまり素粒子を対象とする。相対性理論も宇宙空間の研究にだけ適用されるわけではない。微視の世界でも問題にしなければならない。

光は量子論的な考察にしたがえば、エネルギーのつぶのようにとり扱われるが（これを光子と言う）、光子は原子の中にある電子からとび出してくる。逆に物質は光を吸収するが、これも電子が光をのみ込んでしまうことだと考えられる。このような現象を電子と光子の相互作用と言うが、その機構の解明は素粒子論の最も大きな研究課題の一つである。

素粒子の世界は非常に小さな世界であるとはいえ、光が関与している以上、あるいはサイクロ

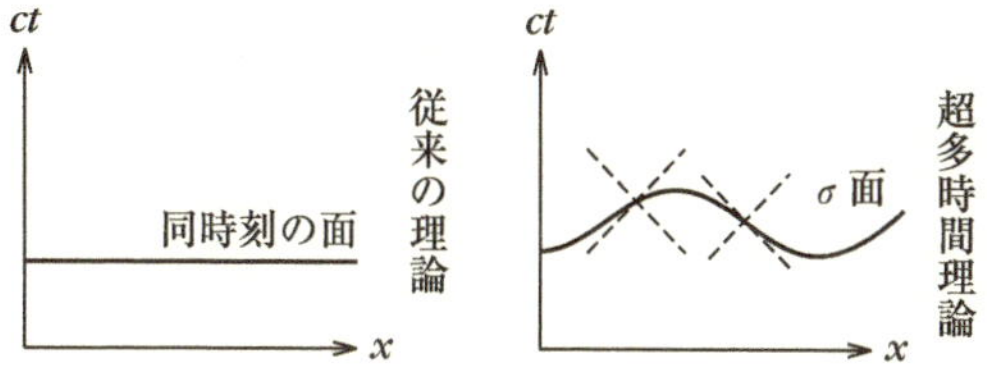

超多時間理論での記述方式

トロンなどで加速された素粒子が猛スピードで走る以上、当然相対論的に考えてやらなければならない。

戦前におけるこの種の研究は、たとえミンコフスキー空間を設定しても、時間軸に垂直な断面の中で方程式をきめてやった（上図）。つまり量子力学の基礎になる式が、相対論にマッチするような形になっていないのである。そこでは二つの異なった点に対する記述方式に、同一の時刻 t が用いられていた。しかし二点間の距離が非常に小さくても、同じ t を用いたのでは正しい結果がでてこない。そこでたくさんの粒子を記述する場合、位置の違いだけでなく時刻の違いをも考慮に入れて（x_1、y_1、z_1、t_1）、（x_2、y_2、z_2、t_2）、……などで書き表わす方式にかわっていかなければならなかったのである。これは、たくさんの時間を問題にするため多時間理論と言われ、イギリスの物理学者ディラックなどにより研究が進められた。

素粒子と言っても力学で言うつぶとは大分性格が異なっている。光子と言っても一面、波のように振舞うのと同じで、素粒子も空間の特殊な状態のことである。この意味で素粒子論はそのまま空間の研究につながっている。素粒子は質点系でなしに連続体のように考えなければならない。

そこで、何個かの粒子にそれぞれ別の時刻をわりあてたように、連続的な空間の場所場所に違う時刻をあてはめていく。つまり量子力学の基礎になる式をミンコフスキー空間において、時間軸に垂直な断面でなく、曲がった断面で定義してやるのである（前ページの図）。そこでは連続的な多くの時刻を用いるから、これを超多時間理論と言う。

朝永博士のこの理論は、つまるところ、場（素粒子の存在している空間のこと）の理論を相対論にのっとった形にまとめあげたものである。時空間中の曲がった空間内で素粒子の相互作用が行なわれるが、この空間をσ《シグマ》面と言う。ただしσ面の中の点は互いに空間的な領域になければならない。

このように、方程式の形を時間軸の方向への奥ゆきも許して一般化する。このことを基礎として、素粒子論の研究は、さまざまな無限大の量をたくみに整頓した、いわゆるくりこみ理論へと発展していくのである。

第７章　非ユークリッド空間

■質量とはなにか

ここに一つの鉄の塊がある。この鉄塊はいろいろな物理的性質をもっている。体積、固さ、光沢、電気や熱の通しやすさ、温度のあげにくさ（これを熱容量と言う）、磁石になりやすさ、などいずれも固体論の研究に重要な性質である。

これらのほかに最も基本的な性質として、質量というものがある。質量とは、これが力で押されてもなかなか動くまいとする（正確に言うと加速されまいとする）惰性的な性質として定義される。物理の教科書を見ても、質量というものは、まずこのようなかたちで紹介されている。

ところがこの質量という性質は、教科書を順を追って調べていくと、まったく別のかたちで再登場してくる。

ここに鉄塊があり、その付近に別の質量（たとえば地球）があるとすると、その間に引力が働くというのである。ニュートンはこれを万有引力と言い、その力の起こる原因を惰性としての質量に求めた。しかしこれは証明を要する事柄である。加速されにくさと、引っぱり合いの原因とが、ただちに同じであるとは言えないからである。

電車に乗っている。急に動きだした。このとき電車内の物体はうしろに引っぱられる。不安定なものなら、後方に倒れるかもしれない。このとき物体に働く力を調べてみると質量に比例している。動きたくないと頑張っているものほど、電車の後方に強く引っぱられるというわけである。これは惰性的な性質として定義される質量である。

一方、電車のうしろに、かりに非常に大きな質量の塊があったとする。電車を地面に対して上下の方向に立てたと考えてやればいいわけである。このときも電車内の物体はうしろに（実は下に）引かれる。この場合は、引っぱり合いの性質から定義される質量を測ることができる。しかしどうやら、慣性の性質が大きいものほど、引っぱり合いでも強くうしろに引っぱられるようである。惰性としての質量を慣性質量、万有引力の原因となるものの量を重力質量と言うが、はたしてこの二つは同じものだろうか。

このことを検証するためには、地球上の物体に働く力の方向を測定すればいい。地球表面にあるものは万有引力によって地球の重心の方向へ引かれ、また遠心力によって地軸と逆の方向へ引っぱられる。この万有引力は重力質量のため生じ、遠心力は慣性質量があるために起こる。

次ページの図のように、地球上のA点に物体をもってきたとき、万有引力 $\overrightarrow{AB}$ と遠心力 $\overrightarrow{AC}$ とが常に比例するものならば、どんな物体をもってきても、合力の方向は $\overrightarrow{AD}$ になるはずである。これに反して、二つの物体の慣性質量は同じだが重力質量は違うということになれば、この二つを糸にぶら下げたとき糸のたれている方向が多少とも違ってくる。これについて、エートヴェッシュは精密な実験を行ない、10^{-8} という精度で両者の比例関係が成立することを実証した。

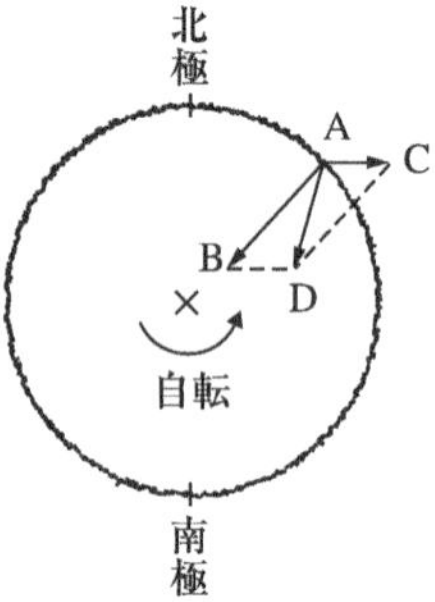

重力質量と慣性質量の合成

このくらい正確に測定されたものなら、両者は比例すると考えていいだろう。物体は慣性質量という性質をもつが、これとはまったく別に、重力質量という新しい性質をもつと考える理由はなにもないということになる。

■重力場の発想

エレベーターに乗っていたら、突然自分の身体の重量がなくなってしまった。いったい何が起こったのだろう。理屈の上では次の二通りの場合が考えられる。

①綱が切れてエレベーターは重力の加速度 g（＝980 cm/s^2）で落下しはじめた。

②地球が突然なくなってしまった。

②はいかにも突飛だが、地球がなくなれば万有引力の相手がなくなるから、とにかく身体はエレベーターの中で宙に浮く。問題はこの二者のうち、どちらの原因で重さがなくなったのか、区別できるかということである。①でも②でも、まったく同じように身体は浮いてしまうはずである。

同様にエレベーター内で体重が急にふえるのには、二通りの原因がある。エレベーターが上方に加速（刻々スピードを上げる）しはじめた場合と、地球の質量が急に増えた場合である。エレベーターが上方に加速するときには、慣性質量に比例して体重が増す。地球が大きくなるときには重力質量に比例してからだが重くなる。ところがこの両方の質量が区別できないのだから、自分が重くなった原因を究明することはできない。慣性による力は甘くちで、重力に原因する力はからくちで……などという相違はない。区別する根拠のないものを区別するのは自然科学の邪道である……。

というふうに推論してくると、加速系と重力系とは同等にとり扱わなければならないことになる。なぜなら、自然科学はなるべく統一的な立場から解釈することが望ましい。

しかしロケットが加速しているのか、それとも大きな質量の近くにあるのかは窓をあけて外を見ればいいではないかと思うかもしれない。窓から見える地球がだんだんと急激に遠ざかっていけば確かにロケットは加速されている。しかしこの場合、どうして地球を基準にとらなければならないのか。別のものを基準にすれば加速の大きさはかわってしまうではないか。

アインシュタインは一九一六年に一般相対性理論を発表したが、その基本となる思想は、万有引力も慣性効果による力も、すべて重力場から説明しようとするものであった。

「場」とは、特殊な状態にある空間を言う。そこに電荷をもってくればこれに力が働くような空間を電場、磁気量をもってくるとそれに力が作用するような空間を磁場、質量をもってくればそれに力が働くような空間が重力場である。地球の表面は重力場でもあるし、磁場にもなっている。

アインシュタインは、電磁力や引力や慣性力など、物体に力の働く現象をすべて空間の状態のためだとした。万有引力については、それを生ずる原因になる質量がどこかにあると考えられるが、慣性力については、力の原因となるソース（源）がどこにも見当たらない。そこでアインシュタインは、両者を統一的に論ずるために、力に対してソースになるものを考えるという行き方を否定した。

地上の物体には下向きの力が働く。この現象を、地球が物体に力をおよぼしているためとは考えないで地球の周囲の空間が変化していると考えるのである。地球や太陽の付近では時空間がゆがんでいると解釈するのである。

地上の物体には質量mに比例するmgの力が働くことはよく知られている。これが自由落下するときには、刻々とgの加速が付け加わる。しかし一般相対論の考えに従えば、ほぼ980cm/s^2の値をもつ重力加速度gこそ、地球周囲の時空間の性質から出てくる値なのであって、地球そのものがおよぼす力ではない。地球周囲にまずgという重力場が存在し、これが質量mの物体と相互に作用し合ってmgという力が出現する。

■重力場の実証

アインシュタインの重力場の理論と、ニュートンの運動の法則とをくらべてみると、ものの解釈の違いがあるだけではないか、と反論されるかもしれない。さらに、時空間が太陽の付近でゆがんでいるといっても、それは数学的に都合のよい形式にすぎず、頭の中でつくられた産物以上のものではないときめつけられるかもしれない。

ニュートンは、時間と空間とをそれぞれ絶対的なものとして、その中で、ニュートン方程式にのっとった運動だけが真の姿であるとした。これに対しアインシュタインは、物体の運動が行なわれるために必要な環境として時空間を考え、時空間を、物体の運動と不可分に結びついた連続的な物理量だとしているのである。宇宙空間に天体があったり、それが運動していたりすると、そのために時空間連続体が変形していくというのである。

太陽をまわる惑星の運動について考えてみよう。惑星は楕円運動をしているから当然加速系である。

ニュートンの理論によれば、惑星の運動は初期条件（はじめにもっていた速度とはじめの位置）と、瞬間瞬間に作用する力がわかれば決定される。ところが重力場の理論によると、注目する惑星に作用する重力場は、その惑星から太陽その他の惑星に至るまでの距離に関係するほかに、それらの速度にも関係する。さらにある時刻tのときに作用する重力場は、太陽や他の惑星の過去の時刻$t_i = t - r_i/c$に依存してくるのである（r_iは注目する惑星から、他の天体までの距離）。なぜなら重力場の作用というのも一種の信号であり、このような信号は光速度で伝わってくるからである。

以上のようなことを考慮してアインシュタインの式を解くと、ニュートンの式との間にわずかな違いが認められる。惑星の中でも太陽に近く（公転軌道の半径が小さければ、ケプラーの法則により角速度が大きくなる）、しかも比較的扁平な楕円軌道をめぐる水星にその差が認められる。水星の近日点（太陽に最も近づく点）は一世紀に四十三秒だけ移動しているが、このことは一般相対論によりはじめて説明された事柄である。

■光はなぜ曲がるか

特殊相対論によれば、光は同じ速さで方向を変えずにすすむ。これは観測者が静止しているか、あるいは等速運動をしているときである。ところが観測者が加速運動をすると事情は違ってくる。

ロケットの窓から入ってきた光は、ロケットが等速ならロケット内をまっすぐに横切る。しかし、もしロケットの速さがどんどん速くなっていたら……光はロケットの後方に折れ曲がっていくだろう。

加速系と重力系とが同じであることはすでに述べた。たとえ光であろうとその例外ではない。したがってロケットの後方に大きな質量のある場合でも、光は後方に曲がらなければならない。どちらの場合でもロケット内の物体はすべて後方に押しやられるが、光も例外ではないわけである。ロケット内には重力の場ができ、その場のためにすべての物質（エネルギーのかたまりと考えた方がよいだろう）はうしろに追いやられる。つまりロケット内の空間がゆがんだのである。

このことは単なる想像上のことではない。事実地球の三十万倍以上の質量をもつ太陽の付近を光が横切るとき、それがどうなるかが観測された。

イギリスの天文学者、アーサー・スタンレイ・エディントンは太陽の皆既食を利用して星からの光の曲がりを測定することを考えた。彼は第一次世界大戦直後の一九一九年に、探検隊を編成してアフリカに渡り、重力による光線の曲がりを検証している。ただしそれはかなり困難な実験で、ともなう誤差も大きいが、その後の何度かの測定により角度にして一・六一から一・九五秒までの範囲で曲がりが認められている。

ここで光が曲がるとはどういうことかもう一度考えなおしてみよう。二百二十九ページの図において、A点とB点との距離を測るには、ここにものさしを当てればいい。二点が非常に離れている場合には、速さのわかっている物体がA点からB点にまでいきつく所要時間で距離が知れ

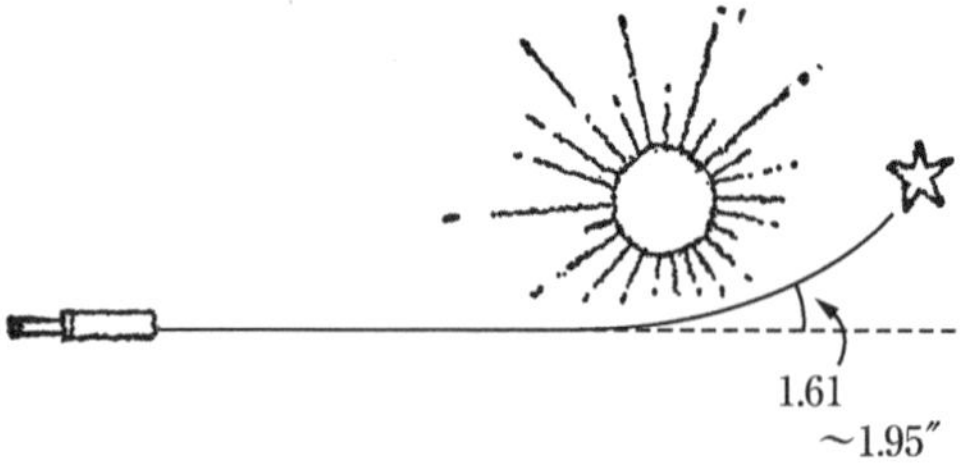

太陽の質量による光の曲がり

る。これには光を用いるのが最も賢明である。

かりに空間に重力がないとすれば、光はA点からB点にまっすぐに進む。このとき空間はもちろんユークリッド的である。しかし現実の宇宙には数多くの天体が浮かんでおり、AB間には重力の存在が予測される。そこで光は、天文学者が測定したように曲がって進むことになる。つまりA点からB点までの光の所要時間は重力に左右される。このとき重力の影響を正しく計算して、所要時間を補正してやればAB間の距離を求めることができる。実は、このような立場で空間を考えたとき——つまり光の方が不本意に曲げられるのだとしたとき——われわれはまだ空間をユークリッド的に眺めていることになる。

しかしまえにも述べたように、われわれが自然界を観測する最も基本的な手段は光である。まず光があって、これに従属して空間と時間とが形成される。とすると光に作用する重力の影響は除き、時間の補正などということも排除すべきではなかろうか。もちろんこうした場合の空間は非ユークリッド的になる。空間のユークリッド性を犠牲にしてもいいから光の本質をたわめるようなことがあってはならないとするのである。

天体が運動していて、重力によるその速度の遅れを正しく考慮したりする場合には、なおのことこの事情は強調されねばならない。またＡＢ間を走るのが光でなくただの物体であっても、重力によって受ける影響は同じである。ということは、非ユークリッド空間を考えると（正確には非ユークリッド時空間）、あらゆるものが補正なしで研究できるということである。この非ユークリッド空間こそ現世の姿であるというのがアインシュタインの主張なのである。だから、かりにまっすぐに発射した光が、まわりまわって自分のうしろからやってくるようなことがあれば、そのときには宇宙空間が非ユークリッド的に丸くなっていると解釈する……。

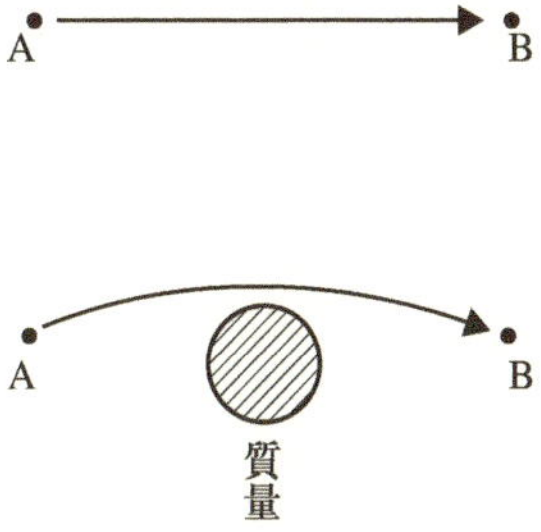

ＡＢ間の距離を測る

■重力はなぜ時間を遅らすか

光は太陽という大きな質量のために曲げられることを

知った。このことを、太陽の付近の空間が曲がっていると解釈する。似たような例を室内の装置について考えてみよう。列車内の光の例と同じように実際には測定不可能であるが、たとえば光の速度がきわめて遅いとしたら……という仮定にたった話と思っていただきたい。

芝居のまわり舞台のように、円形の床があって、これが中心軸のまわりに回転しているとする。床の上の人は遠心力により床のふち（円周を床のふちとよぶことにする）の方向に引っぱられる。これはちょうど、中心に大きな質量がある場合と、作用する力の向きが逆になる。向きは逆だが、重力も慣性力（この場合の遠心力）も力であることにかわりはない。

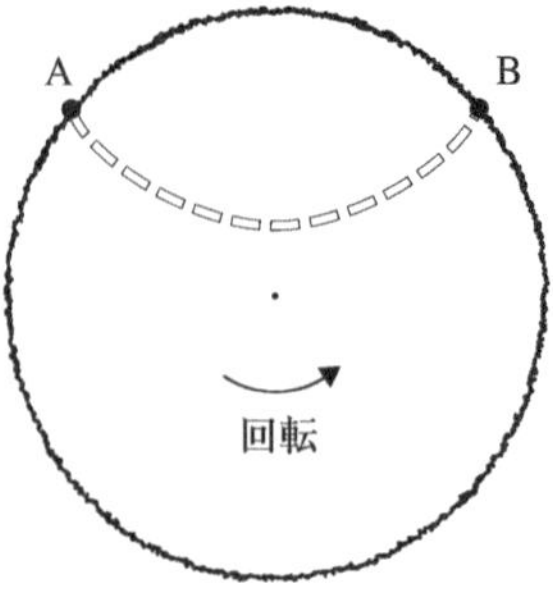

回転円板上でのＡＢ間の最短距離

さてこの回転する床の上に一本の棒がある。この棒を回転している方向（半径と直角の方向）に向けて置く。円板の外から見ている人に対しては、中心近くに置かれた棒は長く、ふちの方にもってくるにしたがって短くなる。なぜなら中心から遠ざかるほど回転速度が大きいから、それだけ多くローレンツ収縮を受けるからである。

いま円板の上に同じ長さの棒がたくさんあるとする。そうして円板のふちの指定された二点、

AとBとをこれらの棒を並べていって結ぶことを考えてみる。ただし、できるだけ少ない数の棒でつなぎたい。どうしたらよいか。

一本の棒はA点に、また別の一本をB点に接触させることは確かである。ところがAとBとの中央部あたりではどうしたらよいか。

棒はなるべく円板の中央部に寄せた方が得である。板の中央部では一本の棒の長さが長いから、それだけ数が少なくてすむからである。いろいろ試してみたら、AとBとの真ん中付近でぐっと板の中央部に曲がった弓なりの道筋に棒を並べるのがよいようである。これが最も経済的な方法である。つまりAB間の最短距離とは、回転の中心方向に曲がった曲線である。

光は光学的最短距離を通るという性質を与えられている。そこでAB間を走る光の道筋も、図に並べられた棒のように曲がるはずである。太陽近傍では、太陽の中心に向かう大きな重力のため光は外向きに曲がったが、今度は外側に向かう遠心力のため内向きに曲がることになる。そしてこれらの曲線は実際に二点を結ぶ最短距離であるから、これを非ユークリッド空間での直線と考える。

これらを直線とみなし、他に二本の直線を設定してやれば、太陽を囲む三角形の内角の和は二直角よりも大きく、回転円板上につくられた三角形の内角の和は二直角よりも小さいことがわかる。

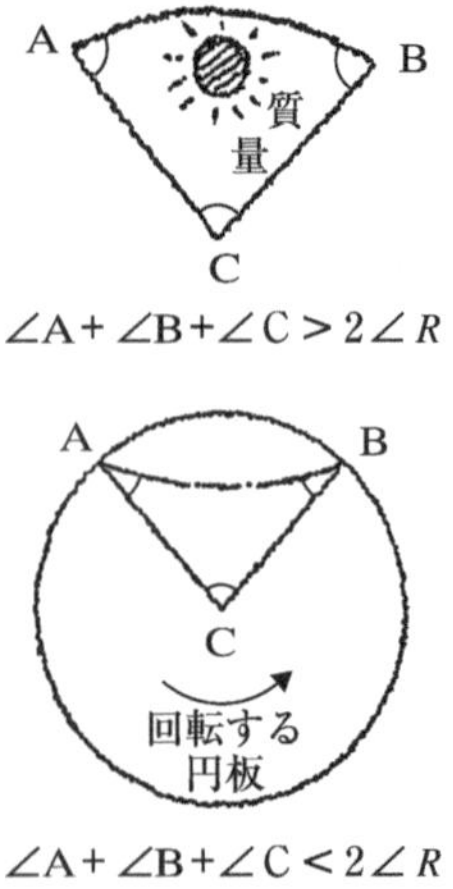

2つの三角形の内角の和

いま回転円板の中心に一つの時計が、ふちの近くにもう一つの時計があるとする。このときも中心とふちとでは事情が違ってくる。ふちに近いほどローレンツの（時間的な）収縮を受け、時計の進み方は遅くなる。慣性力が大きくても、大きな重力が作用しても、同じように、時間の経過はのろい。

円板上での棒の縮みは想像上の実験にすぎないが、時間の遅れの方は実際に試されている。一九五八年ドイツの物理学者メスバウワーは、放射性をもった結晶内の原子核を利用することにより、きわめて正確に時をきざむ原子時計を発見した。質量数57の鉄からでるガンマー線の振動数は毎秒 3×10^{18} ほどであるが、これを原子時計として使用すると、 10^{-11} 程度の時間偏差も見分けられるという。このようにして、回転円板のふちと中心との時間の経過の違いは実際に認められている。

地球上では、重力の加速度は g であるとされているが、実は g の値は一定ではない。上空に昇れば地球の中心から遠くなるから重力の大きさは減るはずである。

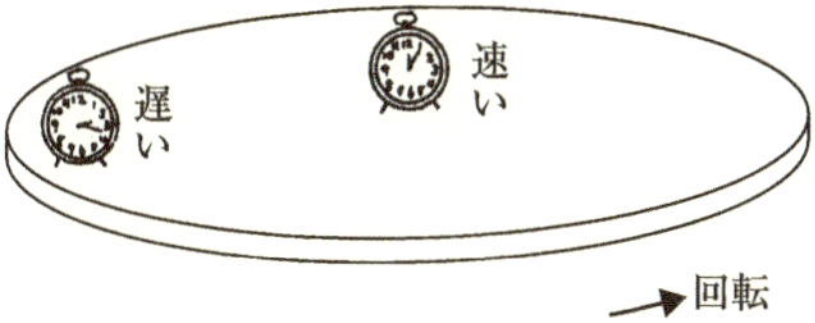

回転円板上の２つの時計

高さ二十メートルの塔の上と下とで、原子時計の進み方が違うかどうかを調べた実験がある。実際には塔の上からガンマー線を地上に放ち、地上の装置のものと比較したのであるが、両者の時間の差異が確かに認められた。

天体を利用しての時間経過の差は、もっと早くから調べられている。シリウスの伴星は非常に質量が大きく、その表面は大きな重力場になっている。このため原子の振動も、地球上のものとくらべておそい。従って、ここからやってくる光は振動数が小さくなる。言いかえると波長が長くなる。

実際に観測してみると光はわずかに赤い方（波長の長い方）にかたよっている。そしてこの現象を赤方偏移と言い、一般相対性理論の正しさを裏書きするものと言える。

■時計のパラドックス

互いに等速度で走っている体系の間では、どちらも相手方の時間の経過の方が自分のそれよりもおそく見える。しかしこのことはパラドックスにはなりえない。ある瞬間に二人が同位置にあったとしても、等速度ということは方向も変化しないことだから、そのまま猛スピードでわかれわかれになってしまう。お互いに自分の年の老いていくのをなげき、相手の若いのをうらやましがっているが二人は再び会うことがない。どちらが本当に若いのかは比較のしようがないのだ。すれ違い列車で、互いに相手の方が速いと思っているのによく似ている。

ところが加速系となるとことが面倒になる。二人が再び出会うということが可能になるからだ。いわゆる時計のパラドックス（ときにはふたごのパラドックスとも言う）という問題が起こる。空間の次元、空間の曲がりの話からは多少はずれるが、同じ一般相対論の問題として、時計のパラドックスを考えてみよう。

四十歳の科学者が十八歳の少女に恋をした。独身の彼は結婚を望んだが、年齢の差が彼女へのプロポーズをちゅうちょさせた。そこで彼は旅に出た。きわめて高性能のロケットに乗って宇宙旅行にでかけたのである。単なる感傷旅行ではない。彼には十分な成算があった。

ロケットはものすごい噴射力のため、たちまち光速度の九十九パーセントの速度に達し、そのまま等速度で走り去る……。

老いらくの恋のために

そんな猛スピードのロケットなんかあるものか、などとは言いっこなしにする。技術的には非常にむずかしいが、理屈のうえでは光速度以下のものならあってもさしつかえない。また人間の生理がそんな大きな加速にたえられるかどうかも問題外としよう。われわれはここでは、物理的な可能性だけを追究していく……。

やがて地球から十光年離れた星の近くまで行くと、そこでロケットは急激にUターンし、再び光速度の九十九パーセントの速さで地球に引きかえし、地球のすぐそばで急ブレーキをかけて着陸する。さて、ここで科学者とかつての少女とが再会するのであるが、二人の年齢はどうなっているだろうか。

科学者の宇宙旅行に対しては二通りの立場から考えなければならない。一つは地球にいる女性（いつまでも少女のままではいない）の立場と、ロケットに乗り込んでいる科学者の立場である。

(1)地球上の女性の立場

出発時のロケットは瞬時にして光速の九十九パーセントの速度を得るし、到着時にはたちまちにして静止するものとしよう。そうすると彼女から見るロケットはいつも等速度でとんでいる。

さてロケットが十光年先の星に着くまでには、彼女の時計では $10 \div 0.99 = 10.1$ つまり十年と三十六日半かかる。ロケットは光速よりわずかに遅いため、十年よりも一ヵ月少々余分にかかるわけである。ターンは瞬時に行なわれるから、ターンの間には彼女の時計はほとんど進行しな

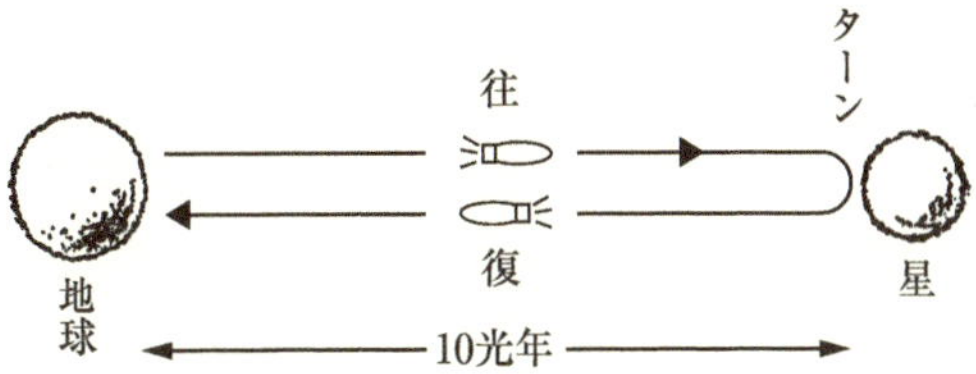

宇宙ロケットの行程

い。帰りは行きと同じく、彼女の時計は十年と三十六日半進行する。だからロケットが帰還したとき、彼女の時計では二十年と七十三日経過している。つまり十八歳の彼女は三十八歳でロケットを出迎えるわけである。

それでは彼女から見た科学者はどうなっているか。速くとんでいる相手方の時間の経過はのろい。つまり彼女の見た科学者の時計は非常にゆっくりと時をきざんでいるのである。往路でも復路でも光速の九十九パーセントであるから、彼女自身の時計の進み方よりも、

$$\sqrt{1-(u/c)^2}=\sqrt{1-(0.99)^2}=\sqrt{0.02}=0.141$$

というように、ロケット内の時計は一割四分ほどしか進行していない。ロケットの帰還までに彼女は二十・二年としをとるが、科学者はその一割四分ほど、すなわち20.2×0.141=2.85で、二・八五年ほどしかとしをとっていないのだ。四十歳の科学者は四十二・八五歳、ほぼ

四十三歳である。こうして、科学者と女性との年齢差は五年ほどに縮まってしまった。これが宇宙旅行の結論である。

しかし、読者諸君はこれで満足してはくれまい。うまくごまかされてしまったと思われるに違いない。いまは地球に残った女性の立場からしか考えなかった。そこでロケット内からこの旅行を考えるとどうなるか、これを明らかにしなければならない。

(2) ロケット内の科学者の立場

次はロケット内の科学者の見た自分の時計と、彼の見た地球上の時計とについて考えなければならない。

彼の立場から見れば地球と星との距離は決して十光年ではない。地球と星とは彼(ロケット)に対して非常なスピードでとんでいるのだから、ローレンツ収縮により距離は縮む。縮むわりあいは $\sqrt{1-(0.99)^2}=0.141$ であるから、地球と星との距離は一・四一光年、往復で二・八二光年である。これを光速の九十九パーセントで走れば $2.82\div0.99=2.85$ つまり二・八五年である。出発から帰還まで彼自身が自分の時計を見ていると二・八五年経過している。つまり四十歳の彼は四十三歳ほどで帰還することになり、これは地球上の人が観測した彼の年齢とまったく一致している。

■どこで対称性が破れるか

ここまでは話がすらすらはこぶ。しかしここからさきが問題である。ロケット内の人が見た地球の時計がどうなるかが矛盾のみなもとになる。

地球はロケットに対してとんでいる。だから地球の時計は科学者から見たら、科学者自身の時計よりも $\sqrt{1-(0.99)^2}=0.141$ の速さで（つまり一割四分というスローモーションで）うごく。科学者の時計は、自分で見て、往路復路あわせて二・八五年だから、この間に科学者の見た地球の時計のすすみ具合は 2.85×0.141＝0.4 つまり〇・四年しかたっていない、だから地球の女性は帰還時にはやはり十八歳ぐらいである……としてはいけないのである。これではまったく矛盾になってしまう。

どこがいけないのか。アインシュタインの一般相対論によるとロケットがUターンするときに、科学者から見た地球上の時計はものすごく時間が経過するのである。式で書くと、科学者が往路と復路とで経過する時間（これは科学者自身の眼でも、地球上の人間が見ても二・八五年である）に、

$$\frac{(u/c)^2}{\sqrt{1-(u/c)^2}}=\frac{(0.99)^2}{\sqrt{1-(0.99)^2}}=6.95$$

をかけたものになる。ロケットがUターンする間に、科学者の時計はほとんど進行しないが、地

宇宙旅行における時間の進み方

		往路	Uターン	復路	合計
地球から見た	地球の時計	10.1	0	10.1	20.2
	ロケットの時計	1.4	0	1.4	2.8
ロケットから見た	ロケットの時計	1.4	0	1.4	2.8
	地球の時計	0.2	19.8	0.2	20.2

球上の時計はこの瞬間に 2.85×6.95＝19.8 つまり十九・八年も経過してしまうのである。だから地球上の人間のとしのとりかたをロケット内の人が見ていたら、往路で〇・二年、Uターンのとき十九・八年、復路で〇・二年、合計二十・二年となり、地球上の人が自分の時計を見ていた場合とピタリ一致する。

この話ではUターンというものがくせものであり、この操作の間に、ロケットから見た地球上の人間だけが非常にとしをとるのである。これはロケットが往路から復路にうつるとき、はげしく基準系をかえたために生じた現象である。なお以上述べたところをわかりやすく表にしておこう（単位は年）。

■ベルグソンらの反論

地球に戻ったロケットから出てきた科学者は四十三歳であるが、これを迎えた女性は三十八歳になっている。旅行のあいだに科学者は三年ぶんの生活しかしていないが、女性の方は二十年の人生経験を積んだのである。待つ身のつらさと人は言うが、この場合は心理的なものではない。出発という事件と、到着という事件との時刻の間隔が、科学者は本当に三年、女性は本当に二十年なのである。女性が、自分だけに忍耐を要求した科学者を裏切らなかったかどうかは保証の限りではない。成算ありとしていた科学者の思惑は、意外に誤算であったかもしれない。ただでさえも「女心と秋の空」と言うではないか。いわんや理不尽な時間の分配を行なった相手である。長い時間の推移が人の心をどうかえるか、相対性原理を理解して実行にうつした男の頭脳も、そこまでは読めなかったのではあるまいか。

一般相対論を認めると、とにかくこのような妙なことになる。もっともっと遠い星まで旅行してくれれば、地球上では五十年も百年も時間が経過しているということも考えられる。帰還した旅行者が自分の子供よりも、孫よりも若いということも起こりうる。

現実問題はともかくとして、ここにきても読者諸賢にはなお釈然としないものがあるのではなかろうか。多くの人は、なぜ地球系とロケット系とで、不平等でなければならないかと思われるに違いない。地球もロケットも宇宙に浮かんでいる物体であることにかわりはない。ロケットが往復運動したのではなく、ロケットは止まっていて、地球の方が行ってきたとしてもまったく同じではないか。そう考えてみれば地球人だけがとしをとる理由は全然ないではないか。

このような反論はアインシュタインの一般相対論の発表後、あちらこちらで起こったようである。フランスの哲学者アンリ・ベルグソンをはじめ多くの哲学者が、たとえ加速系でも時間の遅速はないと主張した。イギリスの物理学者ハーバート・ディングルも時計のパラドックスを認めようとしない。サイエンス・ライターのジェームズ・コールマンも今様浦島太郎を認めない一人である。

このように意見が分かれてしまったうえは、その勝負は実証に頼る以外にない。月世界へのロケットが開発された今日であるが、宇宙旅行という大きなスケールに対してはまだまだ幼稚である。しかし幸いにメスバウワー効果のような精密な時計が用いられるようになったため、ロケット時間と地球時間とが比較される日も遠くはあるまい。

意見が分かれていると言ったが、今様浦島太郎を認める学者の方が多数であることは否めない事実である。赤方偏移や塔の上下での時間差が認められる以上、筆者もやはりロケット系の方がとしをとらないことは事実だと考えている。特殊相対論の効果は、宇宙線によりつくられる粒子の寿命などに見られることは早くから知られている。あるいは放射性元素からとび出す粒子なども、その速度がuならば、粒子そのものの時間経過がのろいので、結局寿命が $1/\sqrt{1-(u/c)^2}$ のわりあいでのびることになる。

たとえば巨大加速器でつくられたパイ中間子は、そのエネルギーが十億エレクトロン・ボルトにも達する。速度で言うと光速の九十九・五パーセントにもなる。パイ中間子の半減期は 1.77×10^{-8} 秒であるから、その飛跡の長さは速度に寿命をかけて五メートルほどであるはずであるが、観測値は五十メートル以上にもなる。ローレンツの式により寿命がのびたせいであり、相対性理論の正しさを裏書きしていることになる。

とにかく、われわれは多くの人の主張しているようにロケットの方を加速系、地球の方を惰性系（加速していない体系）と分ける立場をとり（つまり今浦島を認めるという立場で）話を進めていくことにしよう。このとき問題になるのはなぜロケットの方が地球と違って加速系になるのかということである。

この質問には二通りの解答がある。

①宇宙空間は、互いに等速度で走る系には相対であるが、加速系同士は相対ではない。加速系は惰性系に対して区別できるのである。

②加速系同士もしょせん相対的なものである。ロケット時間がおそいのは、ロケットに対して恒星が加速度運動をしているためである（相対的だから恒星の方が加速すると考えても同じ）。

この二つの答えのどちらが正しいかは、重要な問題だが、正直なところまだわかっていない。相対論の初期の頃は①を支持する人が多かったようである。かりに宇宙に地球が一つしかないとしても、それが静止しているか、回転しているか（回転は加速運動である）は区別できるというのが①である。

これに対し、等速度同士の絶対運動を否定したように、加速度の絶対性をも否定するのが②である。②によれば、宇宙に地球だけが存在するなら、それが回転しているかしないかはまったく無意味なことになる。そして②の立場を科学的な理論で強く主張したのはオーストリアの物理学者、エルンスト・マッハである。

宇宙にAとBの二つのロケットしかないとする。Aが噴射してどこか遠くまで行って帰ってきた。①によれば行ってきたのはAであり、Aの方がとしのとり方が少ない。②によれば、Aが往復したともBが往復したとも断定できない。としのとり方は同じである。

だからといってマッハ流の②が、今様浦島太郎を認めないわけではない。宇宙には地球とロケットだけでなく、莫大な数の恒星が存在しているからである。②の立場から今様浦島太郎を説明すれば、ロケットは止まっていて、地球および恒星全体が猛スピードで走りだす。ある時期に恒星全体がターンする。そうして地球は恒星と平行に動いてロケットに帰ってくる。この恒星のターンのために、ロケットではとしをとらないが、地球（および恒星）ではとしをとるのである。

もっと卑近な例で考えよう。水を入れたバケツを回転する。やがて水面の中央部はくぼむ。①の解釈に従えばバケツが空間に対して回転しているから水がくぼむ。マッハ流の②で言えば、恒星がまわるから水面に差ができる。この場合、月とか太陽とかからの作用はほとんど問題にならない（東が満ち潮で西がひき潮なら、水面にわずかの差ができるだろうが、そんなものはとるにたらない）。バケツの水面をあのような形（放物面）にしているのは、遠い遠い恒星の慣性力である。計算によるとバケツの水面をかたむける力の八十パーセントほどは、望遠鏡でも見られないほどの遠方の星のせいになる。マッハ流の考え方では、はるか彼方の星がバケツの水面を放物面にしているのである。

①と②のどちらが正しいか筆者にはわからない。かりに恒星を全部消すことができれば正否は明らかになる。バケツをまわしてみれば、もし①なら水面は放物面になるし、②なら水平面のままである。

しかし宇宙は一つしかない。別のモデルで検証してみるというわけにはいかない。ここに宇宙に対する思考のむずかしさがある。

■検出された重力波？

正の電気を帯びた玉と負の電気を帯びた玉とを近づけると、はげしく火花を散らして電気が流れる。このとき空気中に、瞬間的に電波が走る。また、針金の中をすばやく交流電流がながれるときも針金から空中に電波（正しくは電磁波）がとび出す。紙をもやす。このときは紙から光がでる。光も電波も本質的には同じものである。光は電波よりも波長が短いというにすぎない。

天空に巨大な星が出現したとする。あるいは星が消え去ったとしてもいい。特殊相対論によれば、エネルギーが質量に、あるいは質量がエネルギーに変わるのである。

自然科学というものは、自然界の現象をできるだけ統一的な立場から眺めようとする。電気がはげしく加速するとき、そこから電波がとびだすならば、質量に突然の変化が起こった場合には、そこから重力の原因となるところのものがとびだすと考えるのは自然である。これを重力波とよび、アインシュタインが一九一六年に一般相対論の中で予言したものである。重力波も信号の一種だから、伝達速度は光速度と同じでなければならない。

空間がある特殊な状態にあるとき、あたかもそこに粒が存在しているように考えて理論をすすめても何ら差し支えない。電波や光波の場合には、光子という粒が走ると考える。重力波では重力子（グラビトン）が走るものとする。重力子は光子と違い、地球の中も平気でつきぬけてくる。

理屈はこれででき上がったが、いままで誰も重力子を見た者はなかった。重力波の存在を実験器具を通して観測した学者もいなかった。というのは、重力子のもつエネルギーはあまりにも小さいからである。それは電波のようにラジオ受信機で簡単に確かめられるというようなしろものではない。

ところがつい最近、アメリカのメリーランド大学物理天文学部教授ジョセフ・ウェーバーがこの重力波を測定したという報道が入った。彼は直径六十一ないし九十六センチ、長さ百五十三センチのアルミの円筒を、メリーランド大学に三個、そこから千キロほど離れたイリノイ州アゴンニュー国立研究所に一個設置していたところ、これらが同時に四十兆分の一センチほど伸縮した

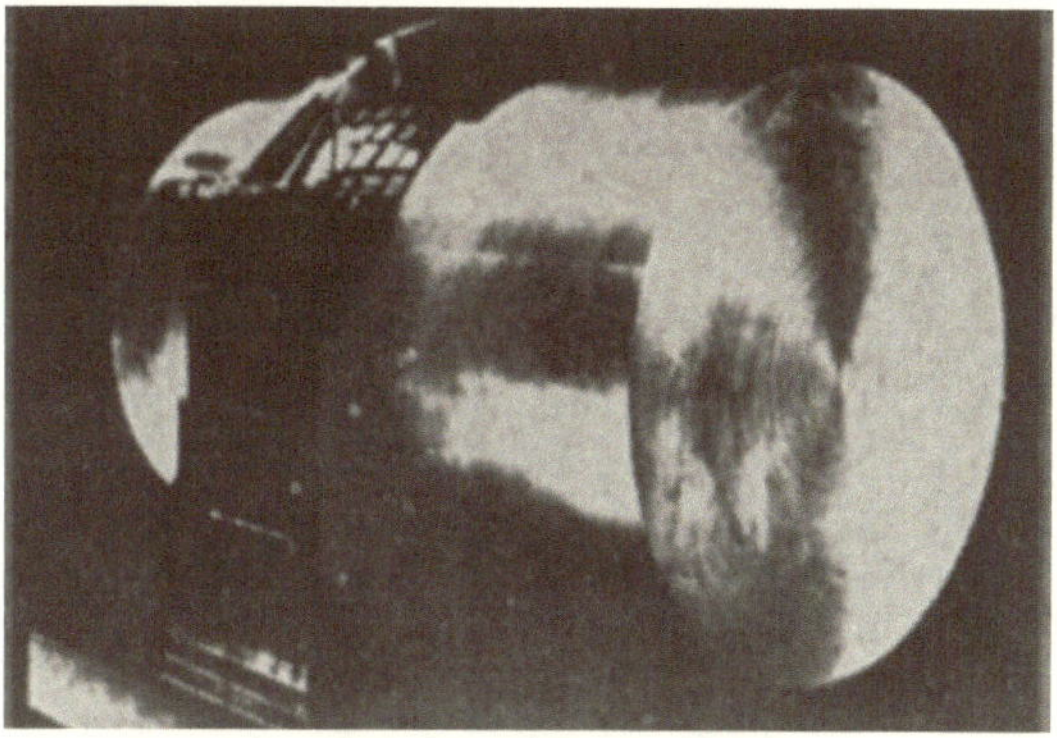

ウェーバーの重力波検出装置

というのである。装置は精密で、地震、電波、宇宙線などには影響されないようにできている。

重力を空間を伝わる波動としてキャッチできたということは、物理学史上に特筆すべきことである。ちょうど一八八八年にヘルツがはじめて電波というものの存在を機械でキャッチしたのと同じように考えていい。

この重力波がどこからやってきたのかはまだ明らかでない。おそらく超新星の爆発などでできたものがまとまって来襲したものであろう。よほどのはげしい重力波でなければ、なかなか観測されるものではない。電気を帯びた玉と玉との間の電気的引力や斥力は高校生でもたやすく測定するが、鉄球と鉄球との間の万有引力を測ることは非常にむずかしいことからも、重力波の測定が電波にくらべてはるかに困難なことは想像されるだろう。

もしウェーバーの測定が正しいものなら、一般相対論はそれだけ強く立証されたことになる。重力波と質量との相互作用で力が生じ、空間の曲がりというものも、正しく裏書きされたことになる。

（**新装版注**：ウェーバーの測定は結局、重力波の観測とは認証されなかった。その後、重力波の存在は間接的に証明されたが、二〇〇二年八月現在、直接は観測されていない。重力波は電波や光などの電磁波に比べ微弱すぎるため、その観測は困難をきわめている）

■きめてのない宇宙の構造

天体の付近では空間は曲がっているのが明らかになった。これらの天体の集まりが宇宙である。アインシュタインの提唱した宇宙モデルは、質量による曲がりがつもりつもって、全体で正の曲率に閉じているというのである。次元を一つ下げて球面を想像するのがいい。宇宙空間は有限ではあるが端はない。リーマン幾何学の成立する空間である。

彼のモデルでは時間軸は無限の過去から無限の未来にのびる直線座標になっている。だからしいて言えば四次元超円筒である。

このモデルに従えば、宇宙の大きさは有限であるが端も真ん中もない。自分のいるところが常に宇宙の中央であると言ってもいい。

この後に、多くの人によりさまざまな宇宙モデルが提案された。オランダの天文学者ジッターによるものは、時間軸も曲がっている。ずっと未来ははるかな過去と同じになる。そして一九二

○年頃には、このような静的モデルが信じられていた。

ところが一般相対論が世に出てまもなく、星からくる光のドップラー効果により、宇宙は膨張していることが確かめられた。アインシュタインの理論はいたるところで修正を余儀なくされた。宇宙空間が非ユークリッド的であることは確かだが、必ずしも正の曲率とは言えなくなった。むしろ負の曲率を提唱する意見の方が強いようである。

宇宙空間の曲率が正か負かは、半径の関数としての体積を求めればいい。広い空間を見渡せば、星の密度はほぼ一様であろうから、地球からの半径を二倍、三倍、……としていったとき、星の数が八倍、二十七倍、……よりも多いか少ないかを観測すればことたりる。しかし現在の天文学的技術では、この結果はまだわかっていない。

もし負の曲率なら、宇宙のはてはどうなっているのか。宇宙は膨張しているから、地球から見たら遠い星ほど、猛スピードでむこうへ逃げていく。非常に遠いものはほとんど光速に近くなる。光速ギリギリの範囲までが、われわれが認め得るすべてである。それから先はなにがあっても、われわれに何の通信ももたらさない。いや何もないと言うべきであろう。これを宇宙の地平線と言う。

宇宙の膨張が観測されたため、宇宙理論にとって都合のいい部分と、ぐあいの悪い部分ができてきた。

■宇宙のうごき

都合のいいものの一つにオルバースのパラドックスがある。これは一八二六年にドイツの天文学者ハインリッヒ・オルバースが指摘したものであるが、もし宇宙が非常にたくさんの光を発する恒星で満たされているのなら、宇宙はいつでも真昼のように明るくなくてはならないという主張である。星が遠ければ遠いほど、地球に達する光は弱くなる。しかし遠い空間には、それにも増して星の数は多いのである。星は天球という一枚の球面に広がっているわけではない。宇宙には非常に深い奥ゆきがある。奥ゆきがあるからには、そこには星の数もうんと多い。正確に計算してやると宇宙空間は非常に明るく、その温度は太陽表面と同じくらいの六千度ほどにならなければならない。これは当然である。六千度の発熱体があり、周囲に熱の逃げ場がなければ、あたり一面は六千度になる。

この矛盾を解決すべくいろいろなモデルが試みられたが、このことは宇宙の膨張によって説明される。恒星から出るエネルギーの多くは膨張した部分へと走り、地球へはわずかしかおすそわけがないと思えばいい。

しかし膨張宇宙を逆にたどると、数十億年（あるいは数百億年）の昔には、非常に小さなものであったと認めざるを得ない。この時期においては宇宙はものすごく密度の高い濃縮物質からできていたことになる。それが大爆発を起こして、現在の膨張宇宙へと発達していく。

それではその爆発のもっと以前には何があったか。われわれは何も知らない。それより以前に時間というものがあったかどうかもはっきりしない。ちょうど宇宙の地平線の彼方におもいをめぐらすのと同じようなものである。

ただ宇宙全体が永遠に膨張し続けるものか、膨張と収縮とを繰り返すものかは、宇宙力と重力とを含んだ方程式を解くことにより、結果がまとめられる。宇宙の全エネルギーが一定値よりも大きければどこまでも膨張するが、小さければ膨張収縮の周期運動をする。ちょうど太陽に近づく惑星の全エネルギー（運動エネルギーと位置エネルギーとの和）がプラスなら、双曲線を描いてとんでいってしまうが、マイナスなら地球などのように公転運動を繰り返すのと似ている。

とにかく宇宙については未開発の分野が多い。さまざまなモデルや学説があるが、いずれも「説」の域をでない。技術的には、人間はすでに月の表面に足跡を残したが、宇宙空間（もちろん時間をも含めて）を総括的に説明する理論の本当のきめてが現われるのは、まだまだ先のことではあるまいか。

エピローグ

花の都はパリのあるホテルの一室、恋を語らう一組の男女がある。窓からはプラタナスの街路樹と、それをすかして遠く凱旋門も望まれる。二人にとっては異郷のパリである。男ははるか東の国に生まれ、女は遠い西の国に育った。男も、女も、ふと言葉がとぎれるとき、想いは遠く自分の過去にさかのぼっていく。せまくるしい港町や、汚ない炭鉱の路地裏……。漁師たちにまじって地曳き網をひく子供や、発破《はっぱ》のすさまじさにみとれた印象が、彼等が背負っている過去の姿である。その後、ときには大半を氷にとざされたような北の国に、ときには泉の水もかれてしまうような熱帯の砂漠の中に、流浪の一人旅を重ねながらやっとたどりついたのがパリである。

何の目的があったかは知らない。どこを生涯の安住の地ときめているのか、わからない。おそらく当人たちにもわからないだろう。気まかせ、足まかせの旅が、二人をパリに運んできた。確かなことは、二人は昨日までは行きずりの他人であったということである。パリでの邂逅《かいこう》が、いま、これまで経験したことのない激しさで二人の心をゆすぶっている。

男は、ふと立ち上がると、机の上に世界地図をひろげた。彼はペンをとった。その先は東国のある場所におかれた。彼の出生地である。ペンは地図から離れることなく動きだした。彼の遍歴の跡を描いていく。あるいは北に曲がり、あるいは南に走り、ときには地中海をも渡ってアフリカをさまよい、再びイタリアに上陸して陸路北に向かい、アルプスを越え、フランス南部を迂回してパリに入る。ここで男はペンをおいた。

次に女がペンをもった。最初にアメリカのある地方にペン先はおかれた。アメリカの南部、西部を迂回したのち、東部海岸から大西洋をまっすぐに横切ってポルトガルに上陸する。一度はモロッコに渡ったが再びスペインに舞い戻り、地中海沿岸のバレンシア、バルセロナを通ってピレネー山脈を越える。南仏から北部フランスにでて、広い葡萄畑を横切って線はパリに入ってくる。

二人は黙ったまま、いま描かれた二本の曲線を見ていた。何回となく会わんとして分かれている二本の複雑な線は、ついにパリで結ばれている。広い地球の上に描かれた細い線。そのどちらかがわずかでも違っていたら、おそらくこの二本は永久に会うことはなかったであろう。ホテルの二人は、二本の曲線から、運命という言葉を読みとっているのであろう。

広い地球の上で、二本の曲線が出会うことは、もちろん偶然と言っていいであろう。しかし両人の出会いというものは、彼らが地図の上で見ているよりもはるかに偶然だと言わなければならない。

地図に描かれた曲線には「時間」という要素が入っていない。かりに地球上を平面と見るならば人の生涯は立体である。もしそれを描くとすれば、地図と垂直の方向に時間軸を設けてやらなければならない。眼で見る地図は、人生の一断面である。流浪の旅は、一枚の地図の上をさまようのではなく、その地図から手前にかけて、空間的な曲線がひかれなければならない。パリにおける男女の邂逅は、彼らがいま見ているよりも、もう一つ次元の高い出会いなのである。

射撃にしても地上の的を狙うよりも、空飛ぶ鳥の方が撃ち落としにくい。次元数が多ければ多いほど、二つの点が出会うチャンスは少なくなる。会うは別れのはじめ……の会うは、もちろん時空間での二点の接近である。それだけ「偶然」という要素が強められる。人の「逢う瀬」を幾何学に翻訳するならば、空間と時間とを含めた四次元の中で考えられなければならない。

——とある夜の街角。そでをひかれた男がふりむく、女の顔を見る。

「あっ」

と二人の口から同時に声がもれる。見覚えがある。どころか、その昔、二人は清純な恋を語って若い日の一日一日を幸福げに過ごした男と女である。

狼狽の色を浮かべた女は、はっと我にかえりあたふたと逃げていく。男は黙ってこれを見送る。その表情の複雑さ。

作家菊池寛は、これを最も短い小説だと言った。これだけの叙述の中に、小説としての必要最小限の要素がもり込まれていると言うのである。若き日の二人は清純の一語で表わされている。その後の男女の経過は必ずしも説明を要さない。再会時の女性の立場だけを述べればことたりる。

今この話を時空間的な表現を使って表わすと次のようになる。過去においてきわめて近接した二点を時間軸にしたがって追跡していくと、二点はいったん分かれているが、再び接近した位置に近寄った。話の興味はその事柄の偶然性にある。この場合、ドラマは単なる二曲線の再会ではない。特に一方の（多くの場合女性の）社会的な状態に激しい変化があればあるほど、読む人の気持ちに訴える力は大きい。ロンドンのウォータールー・ブリッジで出会う軍人と踊り子の話は、映画「哀愁」で名高いが、この話の典型になっている。

二人の男女の邂逅をあつかい、すれ違いの手法を用いて読者を魅惑する物語はおびただしい。「すれ違い」とは、時空間での二本の曲線が、逢いそうで逢わない状態を言う。わずかの距離の差が、そうして一刻の時間差が、点の衝突をさまたげている。

このように考えてみると、フィクションにしても、現実に起こった事柄にしても、空間と時間とがかなり共通の役割を演じていることがわかる。本書の目的は「四次元の世界」を考えることにあった。そして第四番目の座標軸としては、時間というものを採用した。形式的な設定ではなく、物理的な根拠から、時間というものは当然導入されなければならない次元の一つであることを述べた。しかし物理的な理屈をふりまわさなくても、日常生活を眺めただけで「時間」が空間と同じほど重要な要素になっていることはうなずける。

月世界旅行も可能になった。つまり地球を中心として、月までの距離はすでに人間によって征服されたと言っていい。しかし人間のだれでもが日常茶飯事として（つまり経済的条件をも含めて）月へ行くのはまだまだ先の話であろう。人間がふつうの意味で活動する範囲と言えば、一応地球の表面と限定してもいいだろう。

生きていくための物質の生産も、休息も、レジャーも、ほとんどが地球の表面でなされる。この地球は人間にとって広すぎるのか、狭すぎるのか？

生活としての活動範囲の広い狭いは、結局は一メートル何がしかの人間の大きさに対してくらべられるべきものだと思う。そうして広い狭いは見解の相違によるが、筆者にはまずまずの大きさと思えるのだがどうであろうか。空間的な意味でなく消費物質の多寡《たか》から見ても、これもまずまずではなかろうか。確かに石油の埋蔵量はあと数十年とか言われている。しかし人間の智慧は核分裂によるエネルギーを解放し、核融合によるエネルギーの開発は研究途上にある。太陽から受ける放射エネルギーの絶対量などについても、われわれ人間という生物が住みつくのに、地球は手頃な大きさであると思うのだが、いささか消極的な思想だとの謗《そし》りを受けるだろうか。

時間的にも、人間の平均寿命は七十何年、医学の進歩とともに延びたとしてもケタ違いに長くなることはなかろう。七十何年あれば、次の世代をつくるには十分であるし、次の次の世代とも共に生きることが可能である（つまり祖父と孫とが生活する）。人の生涯にこのくらいの時間はばがあれば、あまり文句も言えないような気がする。ちょっとした仕事の一段落を一時間とすると、この一段落は一生涯の中に数万もおり込むことができる。長さについては身長という一つの目安があるが、人間時間については単位の設定に定見がない。その仕事の性質によって、なにを基準にとるかは意見の分かれるところである。欲のないことを言うようだが、現在の平均寿命で、これもまずまずではなかろうか。五世代も六世代もが共存するのは、なにか不自然な感じがする。

以上は「人間」を中心にした空間と時間に対する感想である。しかし夜空を仰げば、何万光年という遠い星を見ることができる。肉眼で見ても、何千という星がまばたいている。これらのほとんどは地球より大きい天体である。この宇宙空間の中の、ほんの一つかみが銀河系であり、その端の方に太陽系があり、さらにその一部が地球である。その中の日本の、その片隅で政治的闘争とか、交通事故とかが起こっている。対人関係のトラブルや家庭内のイザコザも、自分に対しては重大事かもしれないが、宇宙的尺度から見たら何ほどのこともない。

宇宙の偉大さは空間だけでなく、時間においても然りである。時間軸は閉じたものか開いたものかは本文に述べたようにまだあいまいであるが、とにかくそれは過去から未来に、永く永く流れているものである。ながいと感じられる人間生涯の七十何年は九牛の一毛である。絶対的と思われた政治体制が、いつのまにかそっくり変化しているのは、多少とも長生きした人間のよく知るところである。ほんの短い時間のあいだの政治的、社会的、対人的な不合理のために、人間は全力を挙げて戦う。しかし宇宙は、そんなことは知らぬげに、時をきざみ続けていく。

宇宙を眺めてその広さに驚くならば、時の流れの悠久なるさまにも、畏懼《いく》の念をもって接しなければなるまい。

N.D.C.421　260p　18cm

ブルーバックス　B-1380

新装版《しんそうばん》 四次元《よじげん》の世界《せかい》

超空間から相対性理論へ

2002年 8 月20日　第 1 刷発行
2025年10月 6 日　第14刷発行

著者　都筑卓司《つづきたくじ》
発行者　篠木和久
発行所　株式会社講談社
〒112-8001 東京都文京区音羽2-12-21
電話　出版　03-5395-3524
販売　03-5395-5817
業務　03-5395-3615
印刷所　（本文表紙印刷）株式会社ＫＰＳプロダクツ
（カバー印刷）信毎書籍印刷株式会社
製本所　株式会社ＫＰＳプロダクツ

定価はカバーに表示してあります。
©都筑卓司　2002, Printed in Japan
落丁本・乱丁本は購入書店名を明記のうえ、小社業務宛にお送りください。送料小社負担にてお取替えします。なお、この本についてのお問い合わせは、ブルーバックス宛にお願いいたします。
本書のコピー、スキャン、デジタル化等の無断複製は著作権法上での例外を除き禁じられています。本書を代行業者等の第三者に依頼してスキャンやデジタル化することはたとえ個人や家庭内の利用でも著作権法違反です。

ISBN4-06-257380-6

発刊のことば

科学をあなたのポケットに

二十世紀最大の特色は、それが科学時代であるということです。科学は日に日に進歩を続け、止まるところを知りません。ひと昔前の夢物語もどんどん現実化しており、今やわれわれの生活のすべてが、科学によってゆり動かされているといっても過言ではないでしょう。

そのような背景を考えれば、学者や学生はもちろん、産業人も、セールスマンも、ジャーナリストも、家庭の主婦も、みんなが科学を知らなければ、時代の流れに逆らうことになるでしょう。

ブルーバックス発刊の意義と必然性はそこにあります。このシリーズは、読む人に科学的に物を考える習慣と、科学的に物を見る目を養っていただくことを最大の目標にしています。そのためには、単に原理や法則の解説に終始するのではなくて、政治や経済など、社会科学や人文科学にも関連させて、広い視野から問題を追究していきます。科学はむずかしいという先入観を改める表現と構成、それも類書にないブルーバックスの特色であると信じます。

一九六三年九月　野間省一

ブルーバックス　数学関係書 (I)

116 推計学のすすめ　佐藤　信
120 統計でウソをつく法　ダレル・ハフ　高木秀玄＝訳
177 ゼロから無限へ　C・レイド　芹沢正三＝訳
325 現代数学小事典　寺阪英孝＝編
722 解ければ天才！　算数100の難問・奇問　中村義作
833 虚数 i の不思議　堀場芳数
862 対数 e の不思議　堀場芳数
926 原因をさぐる統計学　豊田秀樹／前田忠彦／柳井晴夫
1003 マンガ　微積分入門　岡部恒治　藤岡文世＝絵
1013 違いを見ぬく統計学　豊田秀樹
1037 道具としての微分方程式　斎藤恭一　吉田　剛＝絵
1201 自然にひそむ数学　佐藤修一
1243 高校数学とっておき勉強法　鍵本　聡
1312 マンガ　おはなし数学史　仲田紀夫＝原作　佐々木ケン＝漫画
1332 集合とはなにか　新装版　竹内外史
1352 確率・統計であばくギャンブルのからくり　谷岡一郎
1353 算数パズル「出しっこ問題」傑作選　仲田紀夫
1366 数学版　これを英語で言えますか？　E・ネルソン＝監修　保江邦夫＝著
1383 高校数学でわかるマクスウェル方程式　竹内　淳
1386 素数入門　芹沢正三
1407 入試数学　伝説の良問100　安田　亨
1419 パズルでひらめく　補助線の幾何学　中村義作
1429 数学21世紀の7大難問　中村　亨
1433 大人のための算数練習帳　佐藤恒雄
1453 大人のための算数練習帳　図形問題編　佐藤恒雄
1479 なるほど高校数学　三角関数の物語　原岡喜重
1490 暗号の数理　改訂新版　一松　信
1493 計算力を強くする　鍵本　聡
1536 計算力を強くするｐａｒｔ２　鍵本　聡
1547 広中杯　ハイレベル　中学数学に挑戦　算数オリンピック委員会＝監修　青木亮二＝解説
1557 やさしい統計入門　田栗正章／藤越康祝　柳井晴夫／C・R・ラオ
1595 数論入門　芹沢正三
1598 なるほど高校数学　ベクトルの物語　原岡喜重
1606 関数とはなんだろう　山根英司
1619 離散数学「数え上げ理論」　野﨑昭弘
1620 高校数学でわかるボルツマンの原理　竹内　淳
1629 計算力を強くする　完全ドリル　鍵本　聡
1657 高校数学でわかるフーリエ変換　竹内　淳
1677 新体系　高校数学の教科書（上）　芳沢光雄
1678 新体系　高校数学の教科書（下）　芳沢光雄
1684 ガロアの群論　中村　亨

ブルーバックス　数学関係書（II）

1704 高校数学でわかる線形代数　竹内 淳
1724 ウソを見破る統計学　神永正博
1738 物理数学の直観的方法（普及版）　長沼伸一郎
1740 マンガで読む　計算力を強くする　がそんみほ＝マンガ 銀杏社＝構成
1743 大学入試問題で語る数論の世界　清水健一
1757 高校数学でわかる統計学　竹内 淳
1764 新体系　中学数学の教科書（上）　芳沢光雄
1765 新体系　中学数学の教科書（下）　芳沢光雄
1770 連分数のふしぎ　木村俊一
1782 はじめてのゲーム理論　川越敏司
1784 確率・統計でわかる「金融リスク」のからくり　吉本佳生
1786 「超」入門　微分積分　神永正博
1788 複素数とはなにか　示野信一
1795 シャノンの情報理論入門　高岡詠子
1808 算数オリンピックに挑戦　'08〜'12年度版　算数オリンピック委員会＝編
1810 不完全性定理とはなにか　竹内 薫
1818 オイラーの公式がわかる　原岡喜重
1819 世界は2乗でできている　小島寛之
1822 マンガ　線形代数入門　北垣絵美＝漫画 鍵本 聡＝原作
1823 三角形の七不思議　細矢治夫
1828 リーマン予想とはなにか　中村 亨
1833 超絶難問論理パズル　小野田博一
1841 難関入試　算数速攻術　松島りつこ＝画 中川 塁
1851 チューリングの計算理論入門　高岡詠子
1880 非ユークリッド幾何の世界　新装版　寺阪英孝
1888 直感を裏切る数学　神永正博
1890 ようこそ「多変量解析」クラブへ　小野田博一
1893 逆問題の考え方　上村 豊
1897 算法勝負！「江戸の数学」に挑戦　山根誠司
1906 ロジックの世界　ダン・クライアン／シャロン・シュアティル ビル・メイブリン＝絵 田中一之＝訳
1907 素数が奏でる物語　西来路文朗／清水健一
1917 群論入門　芳沢光雄
1921 数学ロングトレイル「大学への数学」に挑戦　山下光雄
1927 確率を攻略する　小島寛之
1933 「P≠NP」問題　野崎昭弘
1941 数学ロングトレイル「大学への数学」に挑戦　ベクトル編　山下光雄
1942 数学ロングトレイル「大学への数学」に挑戦　関数編　山下光雄
1961 曲線の秘密　松下泰雄
1967 世の中の真実がわかる「確率」入門　小林道正

ブルーバックス　数学関係書（III）

1968 脳・心・人工知能　甘利俊一
1969 四色問題　一松 信
1984 経済数学の直観的方法　マクロ経済学編　長沼伸一郎
1985 経済数学の直観的方法　確率・統計編　長沼伸一郎
1998 結果から原因を推理する「超」入門ベイズ統計　石村貞夫
2001 人工知能はいかにして強くなるのか？　小野田博一
2003 素数はめぐる　西来路文朗／清水健一
2023 曲がった空間の幾何学　宮岡礼子
2033 ひらめきを生む「算数」思考術　安藤久雄
2035 現代暗号入門　神永正博
2036 美しすぎる「数」の世界　清水健一
2043 理系のための微分・積分復習帳　竹内 淳
2046 方程式のガロア群　金重 明
2059 離散数学「ものを分ける理論」　徳田雄洋
2065 学問の発見　広中平祐
2069 今日から使える微分方程式　普及版　飽本一裕
2079 はじめての解析学　原岡喜重
2081 今日から使える物理数学　普及版　岸野正剛
2085 今日から使える統計解析　普及版　大村 平
2092 いやでも数学が面白くなる　志村史夫
2093 今日から使えるフーリエ変換　普及版　三谷政昭

2098 高校数学でわかる複素関数　竹内 淳
2104 トポロジー入門　都築卓司
2107 数学にとって証明とはなにか　瀬山士郎
2110 高次元空間を見る方法　小笠英志
2114 数の概念　高木貞治
2118 道具としての微分方程式　偏微分編　斎藤恭一
2121 離散数学入門　芳沢光雄
2126 数の世界　松岡 学
2137 有限の中の無限　西来路文朗／清水健一
2141 今日から使える微積分　普及版　大村 平
2147 円周率πの世界　柳谷 晃
2153 多角形と多面体　日比孝之
2160 多様体とは何か　小笠英志
2161 なっとくする数学記号　黒木哲徳
2167 三体問題　浅田秀樹
2168 大学入試数学　不朽の名問100　鈴木貫太郎
2171 四角形の七不思議　細矢治夫
2178 数式図鑑　横山明日希
2179 数学とはどんな学問か？　津田一郎
2182 マンガ 一晩でわかる中学数学　端野洋子
2188 世界は「e」でできている　金 重明

ブルーバックス　物理学関係書(I)

79 相対性理論の世界　J・A・コールマン／中村誠太郎＝訳
563 電磁波とはなにか　後藤尚久
584 10歳からの相対性理論　都筑卓司
733 紙ヒコーキで知る飛行の原理　小林昭夫
911 電気とはなにか　室岡義広
1012 量子力学が語る世界像　和田純夫
1084 図解　わかる電子回路　加藤　肇／見城尚志／高橋　久
1128 原子爆弾　山田克哉
1150 音のなんでも小事典　日本音響学会＝編
1174 消えた反物質　小林　誠
1205 クォーク　第2版　南部陽一郎
1251 心は量子で語れるか　ロジャー・ペンローズ／A・シモニー／N・カートライト／S・ホーキング／中村和幸＝訳
1259 光と電気のからくり　山田克哉
1310 「場」とはなんだろう　竹内　薫
1380 四次元の世界（新装版）　都筑卓司
1383 高校数学でわかるマクスウェル方程式　竹内　淳
1384 マックスウェルの悪魔（新装版）　都筑卓司
1385 不確定性原理（新装版）　都筑卓司
1390 熱とはなんだろう　竹内　薫
1391 ミトコンドリア・ミステリー　林　純一
1394 ニュートリノ天体物理学入門　小柴昌俊
1415 量子力学のからくり　山田克哉
1444 超ひも理論とはなにか　竹内　薫
1452 流れのふしぎ　石綿良三／根本光正＝著　日本機械学会＝編
1469 量子コンピュータ　竹内繁樹
1470 高校数学でわかるシュレディンガー方程式　竹内　淳
1483 新しい物性物理　伊達宗行
1487 ホーキング　虚時間の宇宙　竹内　薫
1509 新しい高校物理の教科書　山本明利／左巻健男＝編著
1569 電磁気学のABC（新装版）　福島　肇
1583 熱力学で理解する化学反応のしくみ　平山令明
1591 発展コラム式　中学理科の教科書　第1分野（物理・化学）　滝川洋二＝編
1605 マンガ　物理に強くなる　関口知彦＝原作　鈴木みそ＝漫画
1620 高校数学でわかるボルツマンの原理　竹内　淳
1638 プリンキピアを読む　和田純夫
1642 新・物理学事典　大槻義彦／大場一郎＝編
1648 量子テレポーテーション　古澤　明
1657 高校数学でわかるフーリエ変換　竹内　淳
1675 量子重力理論とはなにか　竹内　薫
1697 インフレーション宇宙論　佐藤勝彦

ブルーバックス　物理学関係書（II）

- 1701 光と色彩の科学　齋藤勝裕
- 1715 量子もつれとは何か　古澤　明
- 1716 「余剰次元」と逆二乗則の破れ　村田次郎
- 1720 傑作！　物理パズル50　ポール・G・ヒューイット＝作　松森靖夫＝編訳
- 1728 ゼロからわかるブラックホール　大須賀健
- 1731 宇宙は本当にひとつなのか　村山　斉
- 1738 物理数学の直観的方法（普及版）　長沼伸一郎
- 1776 現代素粒子物語　（高エネルギー加速器研究機構）＝協力　中嶋　彰／KEK
- 1780 オリンピックに勝つ物理学　望月　修
- 1799 宇宙になぜ我々が存在するのか　村山　斉
- 1803 高校数学でわかる相対性理論　竹内　淳
- 1815 大人のための高校物理復習帳　桑子　研
- 1827 大栗先生の超弦理論入門　大栗博司
- 1836 真空のからくり　山田克哉
- 1860 発展コラム式　中学理科の教科書　改訂版　物理・化学編　滝川洋二＝編
- 1867 高校数学でわかる流体力学　竹内　淳
- 1871 アンテナの仕組み　小暮裕明　小暮芳江
- 1894 エントロピーをめぐる冒険　鈴木　炎
- 1905 あっと驚く科学の数字　数から科学を読む研究会
- 1912 マンガ　おはなし物理学史　小山慶太＝原作　佐々木ケン＝漫画

- 1924 謎解き・津波と波浪の物理　保坂直紀
- 1930 光と重力　ニュートンとアインシュタインが考えたこと　小山慶太
- 1932 天野先生の「青色LEDの世界」　天野　浩／福田大展
- 1937 輪廻する宇宙　横山順一
- 1940 すごいぞ！　身のまわりの表面科学　日本表面科学会
- 1960 超対称性理論とは何か　小林富雄
- 1961 曲線の秘密　松下泰雄
- 1970 高校数学でわかる光とレンズ　竹内　淳
- 1981 宇宙は「もつれ」でできている　ルイーザ・ギルダー　山田克哉＝監訳　窪田恭子＝訳
- 1982 光と電磁気　ファラデーとマクスウェルが考えたこと　小山慶太
- 1983 重力波とはなにか　安東正樹
- 1986 ひとりで学べる電磁気学　中山正敏
- 2019 時空のからくり　山田克哉
- 2027 重力波で見える宇宙のはじまり　ピエール・ビネトリュイ　安東正樹＝監訳　岡田好恵＝訳
- 2031 時間とはなんだろう　松浦　壮
- 2032 佐藤文隆先生の量子論　佐藤文隆
- 2040 ペンローズのねじれた四次元　増補新版　竹内　薫
- 2048 $E=mc^2$ のからくり　山田克哉
- 2056 新しい1キログラムの測り方　臼田　孝

ブルーバックス　物理学関係書(Ⅲ)

2061 科学者はなぜ神を信じるのか　三田一郎
2078 独楽の科学　山崎詩郎
2087 「超」入門　相対性理論　福江　淳
2090 はじめての量子化学　平山令明
2091 いやでも物理が面白くなる　新版　志村史夫
2096 2つの粒子で世界がわかる　森　弘之
2100 プリンシピア　自然哲学の数学的原理　第Ⅰ編　物体の運動　アイザック・ニュートン　中野猿人＝訳・注
2101 プリンシピア　自然哲学の数学的原理　第Ⅱ編　抵抗を及ぼす媒質内での物体の運動　アイザック・ニュートン　中野猿人＝訳・注
2102 プリンシピア　自然哲学の数学的原理　第Ⅲ編　世界体系　アイザック・ニュートン　中野猿人＝訳・注
2115 「ファインマン物理学」を読む　普及版　量子力学と相対性理論を中心として　竹内　薫
2124 時間はどこから来て、なぜ流れるのか？　吉田伸夫
2129 「ファインマン物理学」を読む　普及版　電磁気学を中心として　竹内　薫
2130 「ファインマン物理学」を読む　普及版　力学と熱力学を中心として　竹内　薫
2139 量子とはなんだろう　松浦　壮
2143 時間は逆戻りするのか　高水裕一
2162 トポロジカル物質とは何か　長谷川修司
2169 アインシュタイン方程式を読んだら「宇宙」が見えた　深川峻太郎
2183 早すぎた男　南部陽一郎物語　中嶋　彰
2193 思考実験　科学が生まれるとき　榛葉　豊
2194 宇宙を支配する「定数」　臼田　孝
2196 ゼロから学ぶ量子力学　竹内　薫

ブルーバックス　化学関係書

969　化学反応はなぜおこるか　上野景平
1152　酵素反応のしくみ　藤本大三郎
1188　金属なんでも小事典　増本 健＝監修　ウォーク＝編著
1240　ワインの科学　清水健一
1296　暗記しないで化学入門　平山令明
1334　マンガ　化学式に強くなる　高松正勝＝原作　鈴木みそ＝漫画
1508　新しい高校化学の教科書　左巻健男＝編著
1534　化学ぎらいをなくす本（新装版）　米山正信
1583　熱力学で理解する化学反応のしくみ　平山令明
1591　発展コラム式　中学理科の教科書　第1分野（物理・化学）　滝川洋二＝編
1646　水とはなにか（新装版）　上平 恒
1710　マンガ　おはなし化学史　松本 泉＝原作　佐々木ケン＝漫画
1729　有機化学が好きになる（新装版）　米山正信／安藤 宏
1816　大人のための高校化学復習帳　竹田淳一郎
1849　分子からみた生物進化　宮田 隆
1860　発展コラム式　中学理科の教科書　改訂版　物理・化学編　滝川洋二＝編
1905　あっと驚く科学の数字　数から科学を読む研究会
1922　分子レベルで見た触媒の働き　松本吉泰
1940　すごいぞ！　身のまわりの表面科学　日本表面科学会
1956　コーヒーの科学　旦部幸博
1957　日本海　その深層で起こっていること　蒲生俊敬
1980　夢の新エネルギー「人工光合成」とは何か　光化学協会＝編　井上晴夫＝監修
2020　「香り」の科学　平山令明
2028　元素118の新知識　桜井 弘＝編
2080　すごい分子　佐藤健太郎
2090　はじめての量子化学　平山令明
2097　地球をめぐる不都合な物質　日本環境化学会＝編著
2185　暗記しないで化学入門　新訂版　平山令明

ブルーバックス12㎝CD-ROM付

BC07　ChemSketchで書く簡単化学レポート　平山令明

ブルーバックス　技術・工学関係書 (I)

495 人間工学からの発想　小原二郎
911 電気とはなにか　室岡義広
1084 図解 わかる電子回路　加藤 肇／見城尚志／高橋 久
1128 原子爆弾　山田克哉
1236 図解 飛行機のメカニズム　柳生 一
1346 図解 ヘリコプター　鈴木英夫
1396 制御工学の考え方　木村英紀
1452 流れのふしぎ　石綿良三／根本光正＝著　日本機械学会＝編
1469 量子コンピュータ　竹内繁樹
1483 新しい物性物理　伊達宗行
1520 図解 鉄道の科学　宮本昌幸
1545 高校数学でわかる半導体の原理　竹内 淳
1553 図解 つくる電子回路　加藤ただし
1573 手作りラジオ工作入門　西田和明
1624 コンクリートなんでも小事典　土木学会関西支部＝編　井上 晋 他
1660 図解 電車のメカニズム　宮本昌幸＝編著
1676 図解 橋の科学　土木学会関西支部＝編　田中輝彦／渡邊英一 他
1696 ジェット・エンジンの仕組み　吉中 司
1717 図解 地下鉄の科学　川辺謙一
1797 古代日本の超技術 改訂新版　志村史夫
1817 東京鉄道遺産　小野田 滋

1845 古代世界の超技術　志村史夫
1866 暗号が通貨《カネ》になる「ビットコイン」のからくり　吉本佳生／西田宗千佳
1871 アンテナの仕組み　小暮裕明／小暮芳江
1879 火薬のはなし　松永猛裕
1887 小惑星探査機「はやぶさ2」の大挑戦　山根一眞
1909 飛行機事故はなぜなくならないのか　青木謙知
1938 門田先生の3Dプリンタ入門　門田和雄
1940 すごいぞ！ 身のまわりの表面科学　日本表面科学会
1948 すごい家電　西田宗千佳
1950 実例で学ぶRaspberry Pi電子工作　金丸隆志
1959 図解 燃料電池自動車のメカニズム　川辺謙一
1963 交流のしくみ　森本雅之
1968 脳・心・人工知能　甘利俊一
1970 高校数学でわかる光とレンズ　竹内 淳
2001 人工知能はいかにして強くなるのか？　小野田博一
2017 人はどのように鉄を作ってきたか　永田和宏
2035 現代暗号入門　神永正博
2038 城の科学　萩原さちこ
2041 時計の科学　織田一朗
2052 カラー図解 Raspberry Piではじめる機械学習　金丸隆志

ブルーバックス　技術・工学関係書（II）

2056 新しい1キログラムの測り方 臼田　孝
2093 今日から使えるフーリエ変換　普及版 三谷政昭
2103 我々は生命を創れるのか 藤崎慎吾
2118 道具としての微分方程式　偏微分編 斎藤恭一
2142 ラズパイ4対応　カラー図解　最新Raspberry Piで学ぶ電子工作 金丸隆志
2144 5G 岡嶋裕史
2172 スペース・コロニー　宇宙で暮らす方法 向井千秋＝監修・著　東京理科大学スペース・コロニー研究センター＝編・著
2177 はじめての機械学習 田口善弘

ブルーバックス　宇宙・天文関係書

- 1394 ニュートリノ天体物理学入門　小柴昌俊
- 1487 ホーキング　虚時間の宇宙　竹内　薫
- 1592 発展コラム式　中学理科の教科書　第2分野（生物・地球・宇宙）　石渡正志／滝川洋二＝編
- 1697 インフレーション宇宙論　佐藤勝彦
- 1728 ゼロからわかるブラックホール　大須賀　健
- 1731 宇宙は本当にひとつなのか　村山　斉
- 1762 完全図解　宇宙手帳　渡辺勝巳／JAXA（宇宙航空研究開発機構）＝協力
- 1799 宇宙になぜ我々が存在するのか　村山　斉
- 1806 新・天文学事典　谷口義明＝監修
- 1861 発展コラム式　中学理科の教科書　改訂版　生物・地球・宇宙編　石渡正志／滝川洋二＝編
- 1887 小惑星探査機「はやぶさ2」の大挑戦　山根一眞
- 1905 あっと驚く科学の数字　数から科学を読む研究会
- 1937 輪廻する宇宙　横山順一
- 1961 曲線の秘密　松下泰雄
- 1971 へんな星たち　鳴沢真也
- 1981 宇宙は「もつれ」でできている　ルイーザ・ギルダー／山田克哉＝監訳／窪田恭子＝訳
- 2006 宇宙に「終わり」はあるのか　吉田伸夫
- 2011 巨大ブラックホールの謎　本間希樹
- 2027 重力波で見える宇宙のはじまり　ピエール・ビネトリュイ／安東正樹＝監訳／岡田好恵＝訳
- 2066 宇宙の「果て」になにがあるのか　戸谷友則
- 2084 不自然な宇宙　須藤　靖
- 2124 時間はどこから来て、なぜ流れるのか？　吉田伸夫
- 2128 地球は特別な惑星か？　成田憲保
- 2140 宇宙の始まりに何が起きたのか　杉山　直
- 2150 連星からみた宇宙　鳴沢真也
- 2155 見えない宇宙の正体　鈴木洋一郎
- 2167 三体問題　浅田秀樹
- 2175 爆発する宇宙　戸谷友則
- 2176 宇宙人と出会う前に読む本　高水裕一
- 2187 マルチメッセンジャー天文学が捉えた新しい宇宙の姿　田中雅臣